Ulrich Bittner

Strukturakustische Optimierung von Axialkolbeneinheiten

Modellbildung, Validierung und Topologieoptimierung

Karlsruher Institut für Technologie
Schriftenreihe des Instituts für Technische Mechanik

Band 17

Strukturakustische Optimierung von Axialkolbeneinheiten

Modellbildung, Validierung und Topologieoptimierung

von
Ulrich Bittner

Dissertation, Karlsruher Institut für Technologie (KIT)
Fakultät für Maschinenbau
Tag der mündlichen Prüfung: 16. Oktober 2012

Impressum

Karlsruher Institut für Technologie (KIT)
KIT Scientific Publishing
Straße am Forum 2
D-76131 Karlsruhe
www.ksp.kit.edu

KIT – Universität des Landes Baden-Württemberg und
nationales Forschungszentrum in der Helmholtz-Gemeinschaft

Diese Veröffentlichung ist im Internet unter folgender Creative Commons-Lizenz
publiziert: http://creativecommons.org/licenses/by-nc-nd/3.0/de/

KIT Scientific Publishing 2013
Print on Demand

ISSN 1614-3914
ISBN 978-3-86644-938-1

Strukturakustische Optimierung von Axialkolbeneinheiten

Modellbildung, Validierung und Topologieoptimierung

Zur Erlangung des akademischen Grades

Doktor der Ingenieurwissenschaften

der Fakultät für Maschinenbau

Karlsruher Institut für Technologie (KIT)

genehmigte

Dissertation

von

Dipl.-Ing. Ulrich Bittner

Tag der mündlichen Prüfung: 16. Oktober 2012

Hauptreferent: Prof. Dr.-Ing. Carsten Proppe

Korreferent: Prof. Dr.-Ing. Steffen Marburg

Vorwort

Die vorliegende Arbeit entstand während meiner Tätigkeit als externer Doktorand in der Grundlagenentwicklung bei Bosch Rexroth in Horb am Neckar in Zusammenarbeit mit dem Institut für Technische Mechanik am Karlsruher Institut für Technologie (KIT).

Für die Betreuung der Arbeit und die wissenschaftliche Beratung möchte ich meinem Doktorvater, Herrn Prof. Carsten Proppe, sehr herzlich danken. Für das Interesse an der Arbeit und die Übernahme des Korreferats bin ich Herrn Prof. Steffen Marburg sehr verbunden. Herrn Prof. Sven Matthiesen danke ich für die freundliche Übernahme des Vorsitzes bei der Promotionsprüfung.

Mein besonderer Dank gilt Dr. Stephan Berneke für die ausgezeichnete fachliche und organisatorische Unterstützung vor Ort. Seine anfängliche Vision beschrieb bereits recht gut die nun entwickelte Optimierungsmethode, obwohl der Weg noch völlig unbekannt war und viel einfacher erschien. Meinen Akustik-Kollegen Joachim Schmitt, Rudi Appel, Andrea Hellstern sowie Peter Roos danke ich für die freundschaftliche Zusammenarbeit und ihren Beistand bei der Handhabung der Messtechnik. Weiterhin danke ich den zahlreichen Bosch-Kollegen in verschiedenen Arbeitskreisen für wertvolle Hinweise und Anregungen. In Form von studentischen Abschlussarbeiten und Praktika haben Johannes Blase, Manuel Schlotter, Daniel Mädje, Peter Krause und Muharrem Alkac zum Gelingen dieser Arbeit beigetragen.

Eine große Hilfe waren die intensiven Diskussionen mit Peter Clausen von FE-Design und die Bereitschaft, meine Sondervorschläge gerne in die Entwicklung von Tosca aufzunehmen.

Schließlich bin ich meiner Familie und meiner Frau Hannah zu großem Dank verpflichtet, für ihre unendliche Geduld und umfassende Unterstützung in jeder Phase dieser Arbeit.

Karlsruhe,   Ulrich Bittner
im November 2012

Kurzfassung

Axialkolbeneinheiten werden wegen ihrer hohen Leistungsdichte und Zuverlässigkeit in zahlreichen hydraulischen Anwendungen eingesetzt. Unter den hydrostatischen Verdrängerprinzipien weisen insbesondere Axialkolbeneinheiten ein erhöhtes Geräuschpotential auf, so dass mit steigenden Komfortanforderungen die Verbesserung der akustischen Eigenschaften zunehmend an Bedeutung gewinnt. Am Beispiel einer Axialkolbenpumpe in Schrägscheibenbauweise wird in dieser Arbeit der von der Pumpe abgestrahlte Luftschall durch gezielte Strukturmodifikationen auf Basis von Finite-Elemente-Simulationen und einer automatisiert ablaufenden Topologieoptimierung systematisch reduziert. Dies stellt besondere Anforderungen an die Effizienz des Berechnungsmodells und des Optimierungsverfahrens.

Das zugrunde liegende Finite-Elemente-Modell wird unter Berücksichtigung der für die Gehäuseschwingung relevanten physikalischen Wirkmechanismen erstellt und schrittweise validiert. Für die verschraubten Fügestellen wird ein Kontaktmodell zur Berücksichtigung der lokalen Kontaktsteifigkeit implementiert und mit Ergebnissen der experimentellen Modalanalyse abgeglichen. Die Einspannung der Hydraulikkomponente wird als Substruktur auf Basis modaler Versuchsdaten in dem hybriden FE-Modell berücksichtigt. In der Regel ist für die globale Beurteilung des Schwingungsverhaltens die Betrachtung mehrerer Betriebspunkte bei unterschiedlichen Drehzahlen erforderlich. In der vorliegenden Arbeit wird die Einhüllende des Anregungsspektrums aufgebracht. Damit ist auch zwischen den Harmonischen der Kolbenfrequenz eine Aussage über das Resonanzverhalten möglich. Die Gegenüberstellung der Simulationsergebnisse mit experimentell ermittelten Daten aus der akustischen Nahfeldholographie zeigt über einen weiten Betriebsbereich eine sehr gute Übereinstimmung des Resonanzverhaltens und eine gute Wiedergabe der Amplitudenwerte.

Die Anwendung der strukturakustischen Topologieoptimierung wird zunächst an einer einfachen Kastenstruktur veranschaulicht. Der Problematik von verbleibenden Mischelementen bei der Verifikation der Ergebnisse kann durch schrittweise Erhöhung der Materialpenalisierung erfolgreich begegnet werden. Durch Gegenüberstellung verschiedener Zielgrößen und Gewichtungsformulierungen wird eine geeignete Strategie für die nachfolgende Optimierung der Axialkolbeneinheit abgeleitet. Gegenüber einem Referenzkasten mit gleicher Masse und homogener Wandstärke kann der Summenpegel des Körperschallmaßes um 7,2 dB gesenkt werden, die beste Reduktion des maximalen Körperschallmaßpegels beträgt 5,4 dB.

Der Optimierungsaufwand liegt in der Größenordnung von 200 Iterationen bei 18.000 Elementen im Designbereich, bei zumeist mehr als 10 Moden im interessierenden Frequenzbereich.

Vor der Topologieoptimierung des Gehäuses der Axialkolbenpumpe wird dieses einer Schwachstellenanalyse unterzogen. Die Simulation identifiziert dabei einen signifikanten Einfluss des Deckels auf das Geräuschverhalten der Pumpe. Mit einer verbesserten Ausführung des Deckels zeigt sich eine Minderung der Schallleistung um 14 dB im Bereich der Deckelresonanz. Die Topologieoptimierung des Gehäuses wird mit dem vollständigen Simulationsmodell unter Verwendung der verbesserten Deckelvariante durchgeführt. Durch Asymmetrie wird das Gehäuse so verstimmt, dass gegenüber einem Referenzgehäuse über dem gesamten betrachteten Frequenzbereich ein verbessertes Schwingungsverhalten erreicht wird. Für die ausgeprägte Ovalisierungsschwingform ermittelt die Simulation eine Reduktion um 8,4 dB. Die strukturakustische Topologieoptimierung zeigt gerade im höheren Frequenzbereich ab 2 kHz ein Verbesserungspotential zur Beeinflussung lokaler Moden. Darüber hinaus gibt die Arbeit Hinweise zum Verständnis der strukturdynamischen Wirkmechanismen, um in Verbindung mit verschiedenen Analyseverfahren Schwachstellen schneller zu erkennen und gezielt Maßnahmen abzuleiten.

Abstract

Axial piston units are used in many hydraulic applications due to their high power density and reliability. Among hydrostatic displacement devices, axial piston units carry the risk of increased noise emission, so that demands for higher comfort mean that acoustics must be taken into account when developing new products. Taking the practical example of an axial piston pump in swash plate design, the radiated sound will be systematically reduced by structural modifications based on finite element simulations and an automized topology optimization. This implies particular requirements for the efficiency of the simulation model as well as the optimization algorithm.

The underlying finite element model is created and successively validated considering the relevant physical mechanisms of the vibrations of the housing. A contact model considering local stiffness effects is implemented for bolted joints and the parameters are identified by matching the results of simulative and experimental modal analysis. The clamped support of the hydraulic component is included in the hybrid FE-model as a substructure based on experimental modal data. Normally, several operating points at different rotational speeds have to be examined for a global evaluation of the vibrational characteristics. In this thesis, the envelopes of the load spectra are applied as excitation. Therefore the resonances may be investigated even if they are located between the harmonics of the piston frequency. The comparison of simulation results and experimentally derived data from nearfield acoustic holography shows that the resonance characteristics agree very well over a wide operating range, and there is a good match in amplitude magnitudes.

The application of the structural-acoustic topology optimization is initially demonstrated by a simple box structure. The challenge of remaining intermediate elements by verifying the design results is counteracted successfully by increasing the material penalization step by step. With the comparison of several objectives and weight formulations a capable strategy is being developed for the subsequent optimization of the axial piston unit. Compared to a reference box with equal mass and homogeneous wall thickness, the sum level of the structure-borne sound has been reduced by 7.2 dB. The best reduction of maximum level of the structure-borne sound is 5.4 dB. The effort of optimization calculations lies in the range of 200 iterations considering 18.000 design elements. Mostly, the objective consists of more than 10 modes in the examined frequency band.

Prior to executing the topology optimization of the housing of the axial piston pump, its critical points are being analyzed. The simulation identifies a significant influence of the cover plate on the sound emission of the pump. An improved design of the cover reduces the sound power level in the critical frequency range around 2600 Hz by 14 dB. The topology optimization of the housing is performed by using the complete simulation model including the improved cover plate. The housing is detuned by an asymmetric design, which indicates improved vibration characteristics over the entire considered frequency range compared to a reference housing. For the particular ovalization shape the simulation determines a reduction of 8.4 dB. The structural-acoustic optimization shows a potential to improve local modes especially in the higher frequency range above 2 kHz. Furthermore, this thesis improves the understanding of structural-dynamic mechanisms by using various analyzing methods to be able to determine critical points quickly and to derive well-targeted measures.

Formelzeichen und Abkürzungen

Formelzeichen

$\mathbf{A}$	dynamische Steifigkeitsmatrix
a	Beschleunigung
a	Kontaktparameter (Potenzgesetz)
b	Kontaktparameter (Potenzgesetz)
c	Dämpfungskonstante
c_L	Schallgeschwindigkeit in Luft
D	Dämpfungsgrad
E	Elastizitätsmodul
F	Kraft
F_{ax}	Axialkraft der Kolben
F_{vm}	Montagevorspannkraft
$F_{z,ges}$	resultierende Triebwerkskraft
f	Frequenz
f_K	Kolbenfrequenz
f_n	n-te Eigenfrequenz
g_N	Durchdringung in Normalrichtung
H	Übertragungsfunktion
$h_{\ddot{U}}$	mittlere Übertragungsadmittanz
j	imaginäre Einheit
k	Federkonstante
$k_N,\ k_T$	spezifische Kontaktsteifigkeit in Normal- bzw. Tangentialrichtung
M	Anzahl Moden
M_a	Anzugsmoment
$M_{x,ges}$	resultierendes Triebwerksmoment um die Schwenkachse
$M_{y,ges}$	resultierendes Triebwerksmoment um die Kippachse

N	Anzahl Freiheitsgrade
m	Masse
n	Drehzahl
P	(Schall-)Leistung
p	Penalisierungsfaktor
p_N	Flächenpressung
q	modale Koordinate
q	Gewichtungsfaktor der q-Mean-Norm
T	Periodendauer
S	Oberfläche
t	Zeit
u	Verschiebung
v	Schnelle
$\widetilde{v}_N$	Effektivwert der Schnelle in Normalenrichtung
x	Koordinate, Position
z	Kolbenzahl
α	Schwenkwinkel
β_0	tangentialer Haftkoeffizient
γ	Elementfüllgrad
$\overline{\delta_f}$	mittlerer relativer Gesamtfehler
Θ	Zielfunktion
λ	Eigenwert
λ	Lagrange-Multiplikator
λ	Kontaktparameter (Exponentialgesetz)
ρ	Materialdichte
ρ_L	Dichte der Luft
σ	Abstrahlgrad
$\boldsymbol{\Phi}$	Modalmatrix, massenskaliert

ϕ	Eigenvektor, massenskaliert
Ψ	Modalmatrix
ψ	Eigenvektor
Ω	Kreisfrequenz, Anregungsfrequenz
ω	Eigenkreisfrequenz

Bezugswerte für die Pegelrechnung

L_W	$P_0 = 1 \cdot 10^{-12} W$	Schallleistungspegel
L_p	$p_0 = 2 \cdot 10^{-5} Pa$	Schalldruckpegel
L_σ	$\sigma_0 = 1$	Abstrahlmaß
L_v	$v_0 = 5 \cdot 10^{-5} \frac{mm}{s}$	Schnellepegel
L_F	$F_0 = 1N$	Kraftpegel
L_M	$M_0 = 1Nmm$	Momentenpegel
L_h	$S_0 \cdot h_{\ddot{U}0}{}^2 = 2,5 \cdot 10^{-15} \frac{m^4}{s^2 N^2}$	Körperschallmaß
$L_{h\ddot{U}}$	$h_{\ddot{U}0} = 5 \cdot 10^{-8} \frac{m}{sN}$	Übertragungsadmittanzpegel

Abkürzungen

APDL	ANSYS Parametric Design Language
AT	Äußerer Totpunkt
BEM	Boundary Elemente Methode
CE	Constraint Equation
CMS	Component Mode Synthesis
DOF	Degree of Freedom
EMA	Experimentelle Modalanalyse
FEM	Finite Elemente Methode
FRF	Frequency Response Function
HD	Hochdruck
Im	Imaginärteil
IT	innerer Totpunkt

MAC   Modal Assurance Criterion

MMA   Method of Moving Asymptotes

MPC   Multi Point Constraint

ND   Niederdruck

PDJ   Pressure Dependent Joint

RAMP   Rational Approximation of Material Properties

Re   Realteil

RMS   Root Mean Square

SIMP   Solid Isotropic Material with Penalization

UMM   Unified to Modal Mass

Inhaltsverzeichnis

1 Einleitung

1.1 Motivation

Axialkolbeneinheiten zeichnen sich durch zahlreiche Vorteile wie hohe Leistungsdichte, Zuverlässigkeit und gute Regelbarkeit aus und werden als Pumpe oder Motor in vielfältigen Anwendungen im Mobil- und Anlagenbereich eingesetzt. Bedingt durch ihr Funktionsprinzip sind die Einheiten jedoch besonders anfällig für Schallemissionen. Steigende Komfortanforderungen, gesetzliche Vorgaben und der Trend zu kleineren und somit geräuschreduzierten Verbrennungsmotoren (*Downsizing*) führen zu einer steigenden Bedeutung der akustischen Eigenschaften von Hydraulikeinheiten. Neben den primären Funktionen wie Leistung, Wirkungsgrad und Lebensdauer ist das Geräusch ein wichtiges Unterscheidungsmerkmal gegenüber dem Wettbewerb. Da die Schallabstrahlung erst am realen Prototyp gemessen werden kann und nachträgliche Korrekturen sehr aufwändig sind, werden zur Unterstützung des Entwicklungsprozesses in der Akustik vermehrt Berechnungs- und Simulationsverfahren eingesetzt. Die dazu notwendige Modellbildung der Anregung, Schwingungsweiterleitung und Abstrahlung zählt zu den großen Herausforderungen in der Akustik. Auf diese Weise ist man in der Lage, die Schallemission bereits in frühen Entwicklungsphasen abzuschätzen und die Wirksamkeit einzelner Modifikationen vorab zu überprüfen. Somit können experimentelle Untersuchungen gezielt geplant werden, so dass aufwändige Versuchsreihen auf ein Minimum begrenzt und folglich Zeitaufwand und Kosten deutlich reduziert werden.

Maßnahmen zur Geräuschminderung werden in primäre und sekundäre, sowie aktive und passive Maßnahmen unterschieden. Aktive Systeme lassen sich durch Steuer-/Regelsysteme an den Betriebspunkt anpassen, während passive Elemente ohne zusätzliche Hilfsenergie auskommen. Auf Komponentenebene gehören zu den primären Maßnahmen die Minderung der dynamischen Kraftanregung durch eine geeignete Auslegung des Triebwerks und der Umsteuerung zur Kommutierung von Hoch- und Niederdruck [118], [14], [44], [107], [63]. Zu den sekundären Maßnahmen zählen die Minderung der Schwingungsweiterleitung und die Beeinflussung der Schallabstrahlung. Oft kommt es dabei zu einem Zielkonflikt zwischen Funktionsumfang und Geräuschemission. Dies begrenzt den Spielraum von Maßnahmen, die unmittelbar an der Quelle angreifen. Daher fokussieren sich mehrere Arbeiten auf die Untersuchung des Schwingungsverhaltens des Pumpengehäuses mit Hilfe experimenteller und simulativer Methoden, um daraus mittels Schwachstellenanalyse, empirischen Versuchsreihen oder der Intuition des Konstrukteurs Verbesserungen abzuleiten [16], [47], [28], [102], [63]. Daneben gibt es eine Reihe allgemeiner Richtlinien und Hilfestellungen zur Konstruktion schwingungsarmer Maschinenstrukturen [105], [36], [131], [61], [77], [78]. Diese fördern die grundlegenden maschinenakustischen Kenntnisse des Konstrukteurs und können bei korrekter Anwendung grobe Auslegungsfehler vermeiden. Da diese Richtlinien oft an vereinfachten Strukturen (Platte, Kasten) oder konkreten Anwendungen (Getriebegehäuse) erstellt wurden, muss für die Übertragung der Erkenntnisse auf die tatsächliche Anwendung einerseits ein tiefgreifendes Verständnis des dynamischen Verhaltens vorliegen. Andererseits können diese Regeln das Geräuschverhalten zwar verbessern, führen jedoch in den wenigsten Fällen zu der bestmöglichen Lösung.

Daher besteht im Zuge der Virtualisierung der Produktentwicklung über die Vorhersage hinaus das Bedürfnis, durch den Einsatz numerischer Optimierungsverfahren direkt Maßnahmen zur Verbesserung abzuleiten. Diese lassen sich in parameterbasierte und parameterfreie Verfahren einteilen. Erstere erlauben die Bearbeitung vielfältiger Aufgabenstellungen. Der Anwender muss hierzu die Entwurfs- und Zielgrößen festlegen. Für die Optimierung stehen vielfältige Algorithmen zur Verfügung. Meist steigt die Anzahl der Funktionsaufrufe mit der Anzahl der Entwurfsvariablen überproportional an, so dass bei komplexen Analysen die Anwendung auf wenige Variablen beschränkt werden muss.

Zu den parameterfreien Optimierungsverfahren gehören die Topologieoptimierung, Topographieoptimierung und Gestaltoptimierung. Der Anwender gibt einen Designbereich des FE-Modells für die Optimierung frei, innerhalb dessen die Elementmaterialeigenschaften, Knotenpositionen oder Schalendicken vom Optimierer als lokale Parameter abgeleitet und verändert werden. Aus der Größe des Lösungsraumes können dabei komplett neue Gestaltungskonzepte für die Bauteilstruktur entstehen. Auch der relativ geringe Aufwand zur Definition der Optimierungsaufgabe ist ein Grund für die steigende Verbreitung der parameterfreien Optimierungsverfahren in praktischen Anwendungen. Sie werden eingesetzt, um die Festigkeit von Bauteilen unter statischer Last zu verbessern oder Eigenfrequenzen aus einem bestimmten Frequenzbereich zu verschieben [65], [125], [74], [12]. Dabei werden auch Optimalitätskriterien auf Basis bionischer Wachstumsregeln angewendet, die für einfachere Optimierungsaufgaben wie Erhöhung der Bauteilfestigkeit [95], [96] oder Beeinflussung der Eigenfrequenzlage [141] sehr effizient sind.

Die Optimierung von Bauteilen hinsichtlich ihres strukturakustischen Verhaltens zählt zu den anspruchsvollsten Aufgaben im Bereich der numerischen Optimierungsverfahren. Im

Gegensatz zu statischen Analysen sind die Ergebnisse nicht nur von den Steifigkeitseigenschaften, sondern auch von der Masseverteilung und dem Dämpfungsverhalten abhängig. In der Regel sind die Eigenschaften innerhalb eines Frequenzbereiches zu verbessern, der für mehrere diskrete Frequenzschritte unterschiedliche Verformungszustände (Schwingformen) umfasst. Durch die multimodale Zusammensetzung des Amplitudenspektrums handelt es sich um eine mehrfache, implizit gewichtete Zielfunktion, da sich während der Optimierung die Zusammensetzung der Schwingformen verändern kann. Soll die Optimierung einen größeren Betriebsbereich abdecken, muss ferner die Drehzahlabhängigkeit der Anregungsfrequenzen beachtet werden. In manchen Anwendungen soll als Zielgröße die Schallemission im Fernfeld betrachtet werden. Dann muss die Strukturberechnung mit einer zusätzlichen Feldberechnung der akustischen Fluidumgebung gekoppelt werden, womit sich die Aufgabe zu einem Multifeld- bzw. einer multidisziplinären Optimierung erweitert. Weiterhin ist die Zielgröße oft nicht nur in einem oder in wenigen diskreten Punkten zu erfassen, sondern über die gesamte schallabstrahlende Oberfläche oder einer kugelförmigen Hüllfläche zu ermitteln.

1.2 Stand des Wissens

In diese Arbeit fließen Erkenntnisse aus verschiedensten Fachgebieten ein. Neben den eigentlichen strukturakustischen Simulations- und Optimierungsverfahren werden bei der Modellbildung zahlreiche weitere Themen tangiert: Hydraulische Grundlagen und die Funktionsweise von Axialkolbeneinheiten, die Modellierung von verschraubten Fügestellen und Randbedingungen, sowie Verfahren zum Modellabgleich mit Hilfe der experimentellen Modalanalyse. Hierzu gibt es jeweils eine Vielzahl an Arbeiten, so dass an dieser Stelle die Aufzählung knapp gehalten wird und stattdessen auf die zentralen Arbeiten verwiesen wird, die als Ausgangspunkt für weitere Recherchen dienen können. Die Übersicht stellt die Geräuschminderung von Hydraulikeinheiten sowie die Anwendung numerischer Optimierungsmethoden in der Strukturakustik in den Mittelpunkt. Darüber hinaus sei auf Übersichtswerke zu Hydraulikanwendungen [71], [48], Maschinenakustik [105], [77], [78] und Strukturoptimierung [65], [125], [12] verwiesen. Literatur zu einzelnen Modellierungsdetails wird in den entsprechenden Kapiteln aufgeführt.

1.2.1 Geräuschminderung von Hydraulikeinheiten

Eine Übersicht der grundlegenden Geräuschentstehungsmechanismen in Axialkolbeneinheiten fasst MÜLLER [104] zusammen. Neben der Anregung durch die Druckwechselkräfte geht

MÜLLER auf die grundlegenden Einflüsse verschiedener struktureller Parameter wie Wandstärke, Dichte oder E-Modul auf das Geräuschverhalten ein.

GÖSELE [60] untersucht das Schwingungsverhalten von Außenzahnradpumpen. Die experimentelle Untersuchung des Abstrahlverhaltens ergibt eine gute Übereinstimmung mit einem Kugelstrahler 1. Ordnung, welcher das Schwingungsverhalten einer als Ganzes schwingenden Kugel beschreibt. Er schließt aufgrund der vorherrschenden Biegebewegung in Richtung von Saug- und Druckanschluss auf die Druckpulsation als Hauptanregungsquelle für das Pumpengeräusch. Neuere Untersuchungen von Zahnradpumpen zeigen jedoch die inneren Umsteuervorgänge als Hauptanregungsquelle, vgl. [47], [15]. An einem Modell zur Berechnung der Druckkräfte in einem Axialkolbentriebwerk bestätigt HAARHAUS [63] den positiven Einfluss der Umsteuerschlitze auf das Geräuschverhalten, sieht jedoch deren Verbesserungspotential ausgeschöpft. Experimentell und auf Basis erster Finite-Elemente-Modelle von Axialkolbeneinheiten untersucht er den Einfluss der Werkstoffe und der Befestigungssituation auf das Körperschallmaß. Demnach treten erst ab der 4. Kolbenfrequenz lokale Gehäuseschwingungen auf, darunter bestimmen Starrkörperschwingungen um die Einspannung das Schwingungsverhalten.

Eine umfangreiche Zusammenfassung der Geräuschentstehung in hydraulischen Systemen und experimentelle Untersuchungen zu Hydraulikaggregaten stellt FIEBIG in [47] vor. Er bestätigt die entscheidende Bedeutung der Druckwechselvorgänge für das Geräuschverhalten von Axialkolbenpumpen und zeigt Möglichkeiten zur Geräuschminderung durch Umsteuerkerben und -bohrungen auf, welche in der Praxis häufig einem Kompromiss zur Abdeckung des gesamten Betriebsbereiches unterworfen sind. FIEBIG weist sowohl auf die Bedeutung der Schwingungsweiterleitung über flüssigkeitsgefüllte Spalte und andere Koppelstellen hin, als auch auf die Beeinflussung der Pumpenschwingungen durch die Festhaltung der Einspannstelle und der Schlauchanbindungen. Eine neuere Übersicht zum Geräuschverhalten verschiedener hydraulischer Verdrängerprinzipien, Möglichkeiten zur Berechnung der Schallentstehung in Hydrauliksystemen sowie deren Schallminderung gibt GELS in [56].

Mit mehreren Modellen unterschiedlicher Komplexität erweitert BREUER-STERCKEN [28] das Verständnis des komplizierten Eigenschwingungsverhaltens von Axialkolbeneinheiten. Auf Basis von FE-Ergebnissen und Messungen werden einzelne Frequenzbereiche hinsichtlich des Auftretens von Starrkörpermoden (0-700 Hz), globaler Gehäuseverformungen und Eigenformen der inneren Bauteile (700-1800 Hz) sowie lokalem Atmen einzelner Gehäusewände (> 1800 Hz) differenziert. Das FE-Modell beinhaltet neben dem Befestigungswinkel die inneren, überwiegend ideal-kinematisch oder starr gekoppelten Bauteile, sowie die

Schläuche in Form von Punktmassen. Er untersucht simulativ die Auswirkungen verschiedener Strukturmodifikationen auf die Lage der Eigenfrequenzen und kann auf Basis dieser Erkenntnisse das Geräuschverhalten der Pumpe im Versuch je nach Betriebspunkt um 0,6-5,2 dB(A) verbessern, u.a. durch Versteifung des Gehäuses im Flanschbereich und an den Verbindungsstellen.

Eine detailliertere FE-Modellierung findet sich in MÜLLER [102]. Während die Einzelteile des Gehäuses noch starr miteinander verbunden sind, werden u.a. die geschmierten Koppelstellen im Gehäuseinneren und die Wälzlager durch nachgiebige Federelemente abgebildet. Als relevante Anregungsmechanismen wird die Axialkraft mit den Momenten um die Schwenk- sowie um die Kippachse aus dem gemessenen Druckverlauf des Triebwerks aufgebracht. Er stellt die berechnete Körperschallleistung Messungen gegenüber und identifiziert den Bodenbereich des Gehäuses als Schwachstelle, welcher durch Rippen verstärkt wird. Da nur die Werte der diskreten Kolbenfrequenzen gezeigt werden, bleibt unklar, ob die Abweichungen von Versuch und Simulation in verschobenen Resonanzstellen oder in einer unscharfen Abbildung der Amplituden begründet sind.

1.2.2 Numerische Optimierungsverfahren in der Strukturakustik

Numerische Optimierungsverfahren mit iterativer Lösung des Designproblems lassen sich hinsichtlich verschiedener Merkmale klassifizieren, wie die Übersicht in Abb. 1.1 zeigt. Wichtige Aspekte für die Auswahl eines geeigneten Optimierungsalgorithmus sind die Anzahl und Art der Designvariablen, Anzahl der Nebenbedingungen, und ob es sich um eine lineares oder nichtlineares Problem handelt. Anhand dieser Voraussetzungen kann aus den zahlreichen verfügbaren Algorithmen mit ihren spezifischen Vor- und Nachteilen ein geeignetes Verfahren zur Optimierung der Problemstellung ausgewählt werden, siehe hierzu auch [65], [125], [12].

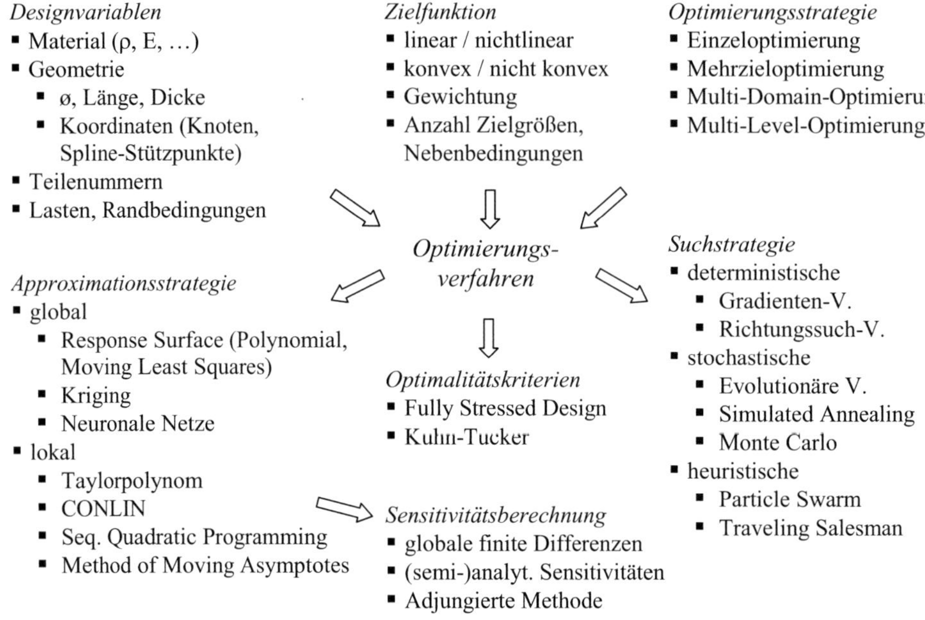

Abb. 1.1:   Merkmale zur Klassifikation numerischer Optimierungsverfahren

Hinsichtlich der Definition der Designvariablen unterscheidet man zwischen *parameter-basierten* und *parameterfreien* Verfahren. Bei ersteren müssen die Parameter explizit spezifiziert werden. Damit ist man äußerst flexibel hinsichtlich der einsetzbaren Optimierungsalgorithmen und Auswahl der Designvariablen, die den Lösungsraum für das Optimierungsproblem bestimmen. Es sind vielfältige Zielfunktionen möglich, sofern sich eine parametrische Beschreibung der Zielgröße findet – beispielsweise auch für die abgestrahlte Schallleistung. Allerdings kann die Parametrisierung von geometrischen Modellgrößen recht aufwändig sein und zu ungültigen Modellgeometrien oder Problemen bei der automatischen Vernetzung führen [87]. Die Vorgehensweise bietet sich insbesondere bei der Verwendung diskreter Variablen an, wie der Anzahl von Verschraubungen oder deren Positionen. Im Allgemeinen nehmen die erforderlichen Iterationen zur Erreichung des Optimums mit steigender Anzahl an Designvariablen stark zu.

Bei den parameterfreien Optimierungsverfahren gibt der Anwender einen Bauteilbereich für die Optimierung frei, welcher der Optimierung durch die implizite Definition der Designvariablen zugänglich gemacht wird. Gewöhnlich werden dabei sensitivitätsbasierte Verfahren oder Optimalitätskriterien eingesetzt, die auch bei sehr vielen Parametern schnell konvergieren. Wegen der einfachen Problemdefinition und der Möglichkeit zur Entstehung komplett neuer Konzeptideen haben diese Verfahren in den letzten Jahren eine große Verbreitung sowohl in akademischen, als auch industriellen Anwendungen gefunden. Je nach Art der Variablen unterscheidet man verschiedene parameterfreie Optimierungsverfahren [65]. Bei der Dimensionierung (*Sizing*) werden Parameter wie Blechdicken oder Querschnittsflächen von Bauteilen modifiziert. Bei der *Form-* bzw. *Shapeoptimierung* wird die *Gestalt* der Bauteile durch Verschieben von Knoten verändert. Im Falle von dünnwandigen Schalenstrukturen spricht man auch von *Topographie-* bzw. *Sickenoptimierung*. Die *Topologieoptimierung* geht noch einen Schritt weiter, hierbei können auch Hohlräume in der Bauteilstruktur entstehen. Durch die Variation der lokalen Elementdichte wird das Material innerhalb eines vorgegebenen Bauraums umverteilt. Während bei anderen parameterfreien Verfahren auch Designvorschläge mit kontinuierlich veränderbaren Parametern realisierbar sind, können bei der Topologieoptimierung nur Designs mit diskreten Elementdichten (voll / leer) umgesetzt werden. Zur Vermeidung von *Mischelementen* mit einer mittleren Elementdichte gibt es verschiedene Bestrafungsansätze. Bei einfachen Anwendungen wird häufig der SIMP-Ansatz (*solid isotropic material with penalization*) verwendet, siehe MLEJNEK [97], BENDSOE UND SIGMUND [12]. Für dynamische Probleme verbessert der RAMP-Ansatz (*rational approximation of material properties*) von STOLPE UND SVANBERG [130] die Konvergenz, da numerische Probleme in weichen Strukturbereichen vermieden werden. Ein weiterer Ansatz ist die explizite Materialbestrafung als Teil der Zielfunktion, siehe ALLAIRE UND KOHN [2].

Für die numerische Lösung der Optimierungsaufgabe benötigen einige Optimierungsverfahren eine vereinfachte Funktionsbeschreibung im Designraum, vgl. [92]. Globale Approximationsverfahren arbeiten beispielsweise mit einer Antwortfläche (*Response Surface*), welche durch ein Versuchs-DOE (*Design of Experiments*) ermittelt wurde. Innerhalb dieser approximierten Unterräume kann anschließend eine Suboptimierung z.B. mittels Gradientenverfahren durchgeführt werden, vgl. [33]. Für die lokale Approximation von nichtlinearen Optimierungsproblemen werden häufig mathematische Algorithmen der CONLIN-Familie (*Convex Linearization* [50]) eingesetzt, zu denen neben der *Sequentiellen quadratischen Programmierung* (SQP) auch das MMA-Verfahren (*Method of Moving Asymptotes*) von SVANBERG [133] gehören. Das MMA-Verfahren eignet sich besonders für Probleme mit vielen Entwurfsvariablen und einer geringen Anzahl an Nebenbedingungen. Es zeichnet sich durch gute Konvergenzeigenschaften und eine hohe Stabilität aus, indem sich die Approximation während der Optimierung an das Problem anpasst [12], [125].

Die Berechnung der Sensitivitäten der Zielgröße hinsichtlich der Designparameter ist insbesondere für die lokalen Approximationsverfahren essentiell, vgl. [92]. Das einfachste Verfahren ist die Berechnung mittels globaler Differenzen (direkte Differentiation), benötigt jedoch für jede Sensitivität einen weiteren Funktionsaufruf, so dass bei vielen Parametern der Aufwand stark ansteigt. Alternativ bieten sich (semi-) analytische Sensitivitäten an, vgl. [68], [99]. Eine weitere Möglichkeit ist die Anwendung der adjungierten Methode *(Adjoint Method)*, bei welcher zusätzlich zu dem normalen Lastfall eine weitere Analyse mit dem Ergebnis der Vorwärtsrechnung als äußere Last berechnet wird. Folglich wird der adjungierte Lastfall auch als Rückwärtsrechnung oder Pseudolastfall bezeichnet. Weil der Aufwand zur Berechnung der Sensitivitäten nicht von der Zahl der Designparameter abhängt, ist diese Methode besonders für Optimierungsprobleme mit vielen Entwurfsvariablen geeignet. Da allerdings für jede Nebenbedingung ein weiterer Pseudolastfall berechnet wird, sollte deren Anzahl begrenzt sein. Für weitere Ausführungen siehe auch Abschnitt 5.1.

Dagegen kommen globale Suchstrategien ohne Approximation des Lösungsraumes aus. Bekannte Vertreter sind deterministische Methoden wie Richtungssuchverfahren, stochastische Methoden wie Simulated Annealing oder genetische und evolutionäre Algorithmen. Da diese eine Vielzahl an Funktionsaufrufen benötigen, beschränkt sich deren Anwendung auf einfach zu berechnende Zielfunktionen oder Optimierungsaufgaben mit wenigen Parametern. Immerhin können diese Verfahren aufgrund der stochastischen Bestandteile auch lokale Optima wieder verlassen und das globale Optimum erreichen.

RANJBAR [117] vergleicht 12 verschiedene Optimierungsalgorithmen am Beispiel einer krafterregten, quadratischen Platte mit 9 Designvariablen. Am geeignetsten zur Minimierung des RMS-Pegels über einen großen Frequenzbereich erweisen sich das MMA- und das *Mid-Range-Multi-Point-* (MMP) Verfahren. Während sich MMA durch seine Robustheit ausweist, kann MMP aufgrund des erweiterten Approximationsbereiches eine größere Reduktion erreichen. Bemerkenswert sind die erheblichen Unterschiede der Ergebnisdesigns, was auf das Vorhandensein mehrerer (lokaler) Optima schließen lässt.

Ursprünglich wurde die Topologieoptimierung unter Verwendung der Homogenisierungsmethode zur Maximierung der statischen Steifigkeit entwickelt, in dem die statische Nachgiebigkeit *(Compliance)* minimiert wurde, vgl. BENDSØE ET.AL. [11]. Dabei ist anfangs ein Bauraum mit porösem Material gefüllt. Zur Erfüllung der Zielfunktion wird nun die gegebene Materialmenge in solide und leere Bauteilbereiche umgelagert. Für die Realisierung des Designvorschlages ist es von Vorteil, wenn am Ende möglichst wenig poröse Bauteilbereiche (Mischelemente) verbleiben.

MA ET.AL. [86] erweitern Topologieoptimierung zur Maximierung von Eigenfrequenzen sowie zur Maximierung der dynamischen Steifigkeit, indem die *Dynamic Compliance* minimiert wird. Die Verfahren werden an einfachen Beispielen unter monofrequenter Anregung angewendet. Untersuchungen zum Einfluss verschiedener Anregungsfrequenzen auf das Designergebnis von Platten finden sich in JOG [72] und OLHOFF & DU [110], [111], [112]. Die Eignung verschiedener Zielgrößen untersucht LAMANCUSA [83]. Demnach kann eine monofrequente Optimierung der Schallabstrahlung auch über einen größeren Frequenzbereich positiv beeinflussen. Die Optimierung führt dabei jedoch stets in ein lokales Optimum, da Resonanzstellen nicht überwunden werden. Als zielführend wird die Mittellung der Schallleistung über einen Frequenzbereich erkannt. Die Bauteilmasse wird in den meisten Untersuchungsläufen nicht begrenzt und nimmt infolgedessen zu.

Mehrere Arbeiten untersuchen die Optimierung der Schallabstrahlung von Plattenstrukturen in akustische Kavitäten, u.a. TINNSTEN [135], KIM ET.AL. [75], CLAUSEN & PEDERSEN [30], AKL ET.AL. [1]. Mit einer ebenen Balkenstruktur befassen sich MARBURG ET.AL. [91]. Sie stellen fest, dass die optimierten Designs robust gegenüber einer veränderten Lagerung sind, es bei einer anderen Kraftposition jedoch zu einer sichtlichen Verschlechterung kommt. Eine Verbesserung konnte insbesondere für Moden höherer Ordnung erreicht werden.

DÜHRING beschäftigt sich in [41], [42] mit der Beeinflussung von Schallfeldern über absorbierende bzw. reflektierende Strukturen. Die Ergebnisse der Topologieoptimierung von Deckenbereichen und Schallschutzwänden bilden sich zum Teil als Helmholtzresonatoren aus. BECK ET.AL. [10] beeinflussen das Schallfeld mittels der Methode der Topologiederivate, indem die Form eines Hindernisses schrittweise um einzelne Knoten erweitert wird.

Bei reinen Strukturanalysen ohne Kopplung mit dem akustischen Medium wird häufig das Schnellequadrat an einzelnen Punkten oder gemittelt über die Strukturoberfläche als Zielfunktion verwendet. HIBINGER [68] optimiert an einem Kasten die Plattendicke sowie die Höhe vorgegebener Rippen zur Reduktion des Körperschallmaßes. Bei bis zu 280 Designparametern wird das Konvergenzkriterium mit einem modifizierten Simplexalgorithmus unter Verwendung analytischer Sensitivitäten nach 33 Iterationen erreicht. BÖS [24] verzichtet auf die Sensitivitätsberechnung, benötigt jedoch für seine Beispiele mit 160 bis 820 Designparametern zwischen 500 und 50.000 Funktionsaufrufe. Eingesetzt werden ebenfalls ein Simplexverfahren sowie ein genetischer Algorithmus. YOON [146] untersucht die Eignung verschiedener Modellreduktionsverfahren für die Frequenzgang-Topologieoptimierung. Er stellt fest, dass bei der modalen Superposition in Verbindung mit einer SIMP-Materialbestrafung ([12], [97]) Probleme mit lokalen Moden auftreten können. In solchen Fällen solle das Problem als Verstärkungsaufgabe gestellt oder eine Modellreduktion mit Ritz-Vektoren durchgeführt werden. Abschließend entfernt YOON verbleibende Mischelemente durch Hinzufügen eines Bestrafungsterms [2] zu der Zielfunktion, so dass zwar die Mischelemente erfolgreich unterdrückt werden, sich jedoch die ursprüngliche Zielgröße verschlechtert.

Mehrere Arbeiten schlagen vor, die Eigenmoden so zu verschieben, dass diese nicht mehr im Frequenzbereich der Anregung liegen [141], [134], [64]. Bei stationären Betriebspunkten in Verbindung mit einer geringen Modendichte kann dies zu sehr guten Ergebnissen führen. Allerdings treten in der Praxis oft neben der Grundfrequenz auch höhere Harmonische auf, zumal die Möglichkeiten zur Verschiebung von Eigenfrequenzen durch den vorgegebenen Designraum begrenzt sind. Auch muss immer die Robustheit der Eigenfrequenz durch ungenaue Modellierung oder bei veränderter Einbausituation überprüft werden. Bei einer höheren Modendichte empfehlen TINNSTEN ET.AL. [134] daher, die akustischen Kenngrößen über den betrachteten Frequenzbereich zu mitteln.

DAI ET.AL. [32] führen eine Topographieoptimierung an der Teilfläche eines Automobilgetriebes durch, welches eine detaillierte Modellierung der Getriebebauteile beinhaltet. Die Optimierung mit Hilfe der β-Methode zielt auf die Minimierung der maximalen Oberflächenschnelle der betrachteten Teilfläche bei monofrequenter Anregung ab. Nach 33 Iterationen zeigte die Designverifikation eine Minderung der Schallleistung um 7,4 dB für die betrachtete Frequenz.

Fast alle Arbeiten bewegen sich im Frequenzbereich, der ein lineares Systemverhalten voraussetzt. Für die Berücksichtigung nichtlinearer Materialgesetze führt MEYER [99] eine Analyse mit numerischer Zeitintegration durch, unter Verwendung der direkten Differentiation für die Sensitivitätsanalyse. Ziel ist die Massenminimierung bei einer monofrequenten bzw. stoßartigen dynamischen Belastung unter Vorgabe einer Verschiebungsrestriktion für die Formoptimierung einfacher Beispiele mit bis zu 10 Designvariablen.

Weitere Arbeiten zu strukturakustischen Optimierungsverfahren sind in den ausführlichen Übersichtsartikeln von MARBURG [88], [92] zusammengefasst. Neben den Anwendungsgebieten werden die Art der verwendeten Optimierungsverfahren und -strategien dargestellt, deren Approximationsmethoden, die Möglichkeiten zur Sensitivitätsberechnung sowie eine Zusammenstellung eingesetzter Zielfunktionen und Restriktionen. Nach den Recherchen von MARBURG werden je nach Definition des Optimierungsproblems, verwendetem Optimierungsverfahren, Zielgröße und Designvariablen zwischen 10 und 10^6 Iterationen benötigt.

Die meisten Arbeiten beschränken sich daher auf einfache akademische Beispiele wie Balken- oder Plattenstrukturen sowie Kästen. Oft werden nur einzelne Frequenzen oder enge Bereiche optimiert [1], [32], [39], [41], [72], [146]. Dabei kann u.U. der Optimierer die Schwingungsknoten in den Kraftangriffspunkt verschieben. Solche Designs können allerdings anfällig gegenüber Störungen wie kleinen Änderungen der Anregungsposition und -frequenz, ungenauer Modellierung oder Fertigungsabweichungen sein. Aufgrund der Schwierigkeiten bei der Optimierung größerer Frequenzbereiche gibt es nur vereinzelt Arbeiten zur Gegenüberstellung unterschiedlicher Zielfunktionen und deren Gewichtung bei multimodaler Zusammensetzung [30], [83].

Bei praxisnahen Anwendungen wie Getriebegehäusen beschränkt man sich auf die Optimierung von wenigen Designvariablen zur Positionierung einzelner Rippen [33]. Lediglich bei der Optimierung von Schalenstrukturen hinsichtlich lokaler Dickenverteilung oder Versickung finden sich vereinzelt Anwendungen mit einer großen Anzahl an Designvariablen *und* detaillierten Modellen [32], [75], [142].

Gewöhnlich werden die massiven Gehäuse von Hydraulikeinheiten aus Guss hergestellt, so dass sich die Anwendung der Topologieoptimierung anbietet. Hierbei verwundert es, dass dieses Verfahren in der Praxis zwar bei der Festigkeitsoptimierung sehr erfolgreich eingesetzt wird. Dagegen beschränkt sich die Anwendung für strukturakustische Aufgabenstellungen in der Literatur ausschließlich auf ebene Strukturen bzw. Designräume, vgl. [1], [10], [39], [72], [91], [146].

1.3 Ziel der Arbeit

Am Beispiel einer Axialkolbenpumpe in Schrägscheibenbauweise soll der von der Pumpe abgestrahlte Luftschall durch gezielte Strukturmodifikationen auf Basis von FE-Simulationen und einem automatisiert ablaufenden Optimierungsverfahren reduziert werden. Numerische Optimierungsverfahren erfordern eine wiederholte Berechnung des Simulationsmodells. Es ist offensichtlich, dass sowohl die Effizienz des Analyse-, als auch des Optimierungsverfahrens elementar für die praktische Anwendung sind. Während für eine einzelne Berechnung die Dauer von einer Nacht noch akzeptabel ist, sollte die gesamte Optimierung den Wochenbereich nicht überschreiten. Zwar gibt es für manche Wirkzusammenhänge sehr detaillierte und genaue Analyseverfahren, diese können wegen ihres umfangreichen Berechnungsaufwandes jedoch nicht bei der Analyse des Gesamtsystems Anwendung finden.

Das Schwingungsverhalten von Axialkolbeneinheiten hängt von vielerlei Faktoren wie Einspannsituation, Anregungsweiterleitung über geschmierte Koppelstellen und dem Fügeverhalten der verschraubten Einzelteile ab. Für die Analyse dieser komplexen Struktur müssen die physikalischen, oft nichtlinearen Beziehungen auf die wesentlichen Wirkmechanismen vereinfacht und im Betriebspunkt linearisiert werden, so dass eine vorteilhafte Berechnung im Frequenzbereich möglich ist. Dabei soll das Modell auch bei modifizierter Gehäusestruktur gültig bleiben. Während für einzelne Koppelstellen bereits auf umfangreiche experimentelle Untersuchungen und Modellvereinfachungen zurückgegriffen werden kann, müssen für die Randbedingungen und Fügestellen geeignete Modellierungen abgeleitet werden.

Neben der Modellbildung ist in der Strukturdynamik die Validierung ein wesentlicher Aspekt. Um Ursachen für mögliche Abweichungen lokalisieren zu können, sind zunächst die einzelnen Teilmodelle separat mit Versuchsdaten abzugleichen. Die Modellparameter der verschraubten Fügestellen werden mit Hilfe von Korrekturverfahren mit der Realität in Einklang gebracht, indem das Eigenschwingungsverhalten mit der experimentellen Modalanalyse abgeglichen wird. Für die Randbedingungen wird ein Verfahren angewendet, in dem die experimentell ermittelte Nachgiebigkeit der Einspannung als modale Substruktur direkt in das Modell eingebunden wird. Das Simulationsergebnis des Gesamtmodells wird mit Messergebnissen auf Basis der akustischen Nahfeldholografie gegenübergestellt und diskutiert.

Die Anwendung der strukturakustischen Topologieoptimierung soll zunächst an einem räumlichen akademischen Beispiel, einem Kasten, gezeigt werden. Mit Hilfe einer numerischen Versuchsreihe soll die Optimierungsstrategie verfeinert und eine geeignete Zielfunktion ausgewählt werden. Zum einen wird speziell auf die Anteile von Mischelementen eingegangen und Maßnahmen zu deren Vermeidung eingeführt. Für die Verifikation der Ergebnisse werden die Mischelemente aus den Designs vollständig entfernt, um deren Einfluss auf ein realisierbares Designergebnis auszublenden. Zum anderen wird die Wirksamkeit unterschiedlicher Zielfunktionen sowie deren Gewichtung bei multimodaler Zusammensetzung auf die Schallabstrahlung untersucht. Als Zielfunktion werden verbreitete Größen, wie die Maximierung der statischen bzw. dynamischen Steifigkeit oder Maximierung der ersten Eigenfrequenz mit der Minimierung der Oberflächenschnelle als strukturakustische Zielgröße verglichen. Da der untersuchte Frequenzbereich von 0-3 kHz mehr als 10 Moden enthält, wird anhand der letztgenannten Zielfunktion die Wirkungsweise unterschiedlicher Gewichtungen der modalen Anteile an der Gesamtgröße auf das Optimierungsergebnis aufgezeigt.

Anschließend sollen die Erkenntnisse auf die Optimierung des Gehäuses unter Verwendung des Gesamtmodells der Axialkolbeneinheit übertragen werden. Zunächst wird anhand der Simulationsergebnisse eine Schwachstellenanalyse durchgeführt, um Maskierungseffekte von verbleibenden Schwachstellen auf mögliche Verbesserungen durch die automatisierte Strukturoptimierung zu vermeiden. Mit dem überarbeiteten Gesamtmodell wird eine Topologieoptimierung des Gehäuses hinsichtlich einer möglichst geringen Schallabstrahlung der Axialkolbeneinheit durchgeführt. Neben der Verifikation des Designergebnisses sollen die entstandenen Konstruktionsmerkmale plausibilisiert und interpretiert werden.

Die Arbeit baut auf kommerziellen Werkzeugen für die FE-Analyse (ANSYS [5]) und der Topologieoptimierung (TOSCA.STRUCTURE [136]) auf, um deren grundlegende Funktionalitäten nutzen und weiterentwickeln zu können.

2 Maschinenakustische Grundlagen

2.1 Strukturdynamik

Zum Verständnis der strukturdynamischen Zusammenhänge werden zunächst einige Grundlagen und Begriffe der Schwingungsmechanik anhand eines Einfreiheitsgradsystems erläutert. Die Zusammenhänge lassen sich für komplexere Modelle aus mehreren Freiheitsgraden erweitern, wie sie für Axialkolbenpumpen bei einer Finite-Elemente-Diskretisierung vorliegen. Durch die Transformation in den modalen Raum kann die Anzahl der Freiheitsgrade und damit der Aufwand für nachfolgende Berechnungen deutlich reduziert werden.

2.1.1 Einfreiheitsgradsystem

Die Grundlage der Strukturdynamik bildet der Einmassenschwinger (Abb. 2.1). Hierbei ist eine Masse über ein Kelvin-Voigt-Element, bestehend aus einer Parallelschaltung von Feder und Dämpfer, mit der starren Umgebung verbunden.

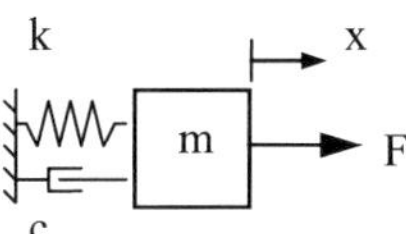

Abb. 2.1:   Feder-Masse-Dämpfer-System mit einem Freiheitsgrad

Bei äußerer Kraftanregung mit $F(t)$ folgt die Bewegungsgleichung in Form von

$$m\ddot{x}(t) + c\dot{x}(t) + kx(t) = F(t) \tag{2.1}$$

Die freie Schwingung ergibt sich bei verschwindender äußerer Anregung ($F = 0$). Die Lösung der homogenen Differentialgleichung (2.1) für das ungedämpfte System führt mit dem Ansatz $x = \hat{x}e^{j\omega_0 t}$ auf die Eigenkreisfrequenz

$$\omega_0 = \sqrt{\frac{k}{m}} \tag{2.2}$$

und damit auf die ungedämpfte Eigenfrequenz

$$f_0 = \frac{1}{2\pi}\,\omega_0 = \frac{1}{2\pi}\sqrt{\frac{k}{m}}\;. \qquad (2.3)$$

Für die gedämpfte freie Schwingung ist als weiterer Parameter der dimensionslose Dämpfungsgrad (Lehrsches Dämpfungsmaß) definiert

$$D = \frac{c}{2m\omega_0}\,, \qquad (2.4)$$

womit sich die gedämpfte Eigenkreisfrequenz

$$\omega_d = \omega_0\sqrt{1 - D^2} \qquad (2.5)$$

ergibt. Bei üblichen technischen Anwendungen liegt der Dämpfungsgrad $D < 10\%$, so dass die gedämpfte Eigenfrequenz etwa der ungedämpften entspricht.

Wird das System periodisch mit einer harmonischen Kraft $F(t) = \hat{F}e^{j\Omega t}$ erregt, so lässt sich mit dem Ansatz $x(t) = \hat{x}e^{j\Omega t}$ aus der Bewegungsgleichung (2.1) die Übertragungsnachgiebigkeit G aus dem Verhältnis der beiden komplexen Größen $\hat{x}$ und $\hat{F}$ bestimmen:

$$G(\Omega) = \frac{\hat{x}(\Omega)}{\hat{F}(\Omega)} = \frac{1}{(k - \Omega^2 m) + j\Omega c} \qquad (2.6)$$

2.1.2 Systeme mit mehreren Freiheitsgraden

Bei der Finite-Elemente-Methode (FEM) lassen sich beliebige Strukturen mit kontinuierlich verteilten Materialeigenschaften durch Elemente diskretisieren und als System mit N Freiheitsgraden beschreiben. Analog zu (2.1) lässt sich die Bewegungsgleichung in Matrizenschreibweise aufstellen:

$$\mathbf{M}\ddot{\mathbf{u}} + \mathbf{C}\dot{\mathbf{u}} + \mathbf{K}\mathbf{u} = \mathbf{F} \qquad (2.7)$$

Da die Finite-Elemente Methode inzwischen ein weit verbreitetes Werkzeug ist, sei für eine tiefergreifende Behandlung der Methode auf einschlägige Literatur verwiesen [9], [54], [103], [129], [108], [5], [53].

Für ein lineares System mit symmetrischen, positiv definiten Matrizen lässt sich die Bewegungsgleichung für die freie, ungedämpfte Schwingung ($\mathbf{C} = \mathbf{0}$, $\mathbf{F} = \mathbf{0}$) mit dem Ansatz $\mathbf{u} = \hat{\mathbf{u}}e^{j\omega_0 t}$ in ein Eigenwertproblem überführen:

$$\left(\mathbf{K} - \omega_n^2 \mathbf{M}\right)\hat{\mathbf{u}} = \mathbf{0} \qquad (2.8)$$

Als nichttriviale Lösung der Gleichung ergeben sich N Eigenwerte ω_n^2, $n = 1...N$ als Quadrat der Eigenkreisfrequenz $\omega_n = 2\pi f_n$ des ungedämpften Systems, welche ebenfalls von den Massen- und Steifigkeitseigenschaften des Systems abhängen. Durch Einsetzen von ω_n^2 in (2.8) ergibt sich die zugehörige Eigenschwingform ψ_n als nichttriviale Lösung des linearen Gleichungssystems. Eine Eigenfrequenz wird mit der entsprechenden Eigenschwingform unter dem Begriff *Mode* zusammengefasst. Die extrahierten Eigenvektoren werden in der Modalmatrix Ψ zusammengefasst:

$$\Psi = \begin{bmatrix} \psi_1 & \psi_2 & ... & \psi_n \end{bmatrix} \tag{2.9}$$

Die Eigenvektoren lassen sich in ihrer Amplitude beliebig skalieren. Gewöhnlich wird die Modalmatrix auf die Massenmatrix $\mathbf{M}$ normiert (*Unified to Modal Mass, UMM*). Während für die allgemeine Form

$$\Psi^T \mathbf{M} \Psi = diag[m_n] \tag{2.10}$$

gilt, vereinfacht sich mit

$$\phi_n = \frac{1}{\sqrt{m_n}} \psi_n \tag{2.11}$$

die Beziehung für die massenskalierte Modalmatrix zu

$$\Phi^T \mathbf{M} \Phi = diag[m_n] = \mathbf{I} \tag{2.12}$$

und damit

$$\Phi^T \mathbf{K} \Phi = diag[k_n] = diag[\omega_n^2]. \tag{2.13}$$

Die Skalierung auf die Massenmatrix erlaubt einen direkten Vergleich von Mess- und Simulationsergebnissen und erleichtert die weitere Vorgehensweise für die modale Superposition. Mit der Modalmatrix Φ lassen sich die Verschiebungen des Gesamtsystems durch die modalen Koordinaten $\mathbf{q}$ entkoppeln

$$\mathbf{u} = \Phi \mathbf{q}. \tag{2.14}$$

Eingesetzt in (2.7) und von links mit der transponierten Modalmatrix multipliziert ergibt sich die Bewegungsgleichung im modalen Raum

$$\Phi^T \mathbf{M} \Phi \ddot{\mathbf{q}} + \Phi^T \mathbf{C} \Phi \dot{\mathbf{q}} + \Phi^T \mathbf{K} \Phi \mathbf{q} = \Phi^T \mathbf{F} = \Gamma \tag{2.15}$$

mit der generalisierten Kraft Γ.

Bei schwach gedämpften Systemen mit globalen Dämpfungseigenschaften wird oft der Ansatz mit proportionaler Dämpfung

$$\mathbf{C} = \alpha\mathbf{M} + \beta\mathbf{K} \tag{2.16}$$

als Linearkombination der Massen- und Steifigkeitsmatrix verwendet, so dass damit die Dämpfungsmatrix ebenfalls entkoppelbar ist:

$$\mathbf{\Phi}^T \mathbf{C} \mathbf{\Phi} = diag[c_n] = diag[2D_n\omega_n]. \tag{2.17}$$

Bei lokal wirkenden Dämpfungselementen kann die modale Dämpfung D_n für ein gering gedämpftes System im modalen Unterraum bestimmt werden, der durch die ungedämpften Eigenvektoren aufgespannt wird. Dieses QRDAMP-Verfahren ist sehr viel schneller als eine direkte Lösung des gedämpften Eigenwertproblems, vgl. [69], [70], [129], [5]. Als Ergebnis erhält man die reellen Eigenvektoren ϕ_n mit den komplexen Eigenwerten

$$\lambda_n = -D_n\omega_n \pm j\omega_n\sqrt{1 - D_n^2} \approx -D_n\omega_n \pm j\omega_n. \tag{2.18}$$

m_n, c_n bzw. k_n geben die modale Masse, Dämpfung bzw. Steifigkeit des Schwingungssystems an, mit der sich das Gesamtsystem aus (2.7) in N unabhängige Einmassenschwinger entkoppeln lässt. Üblicherweise genügt es, nur M Moden bis zum 1,5-fachen des interessierenden Frequenzbereiches zu berücksichtigen, vgl. [5]. Lassen sich allerdings in Kraftrichtung nur wenige Moden extrahieren, müssen weitere Moden oder residuale Ansatzvektoren hinzugefügt werden, wie das Beispiel eines axial angeregten Balkens in [108] zeigt. Die Modalanalyse vereinfacht somit ein Schwingungssystem mit N Freiheitsgraden aus (2.15) in $M \ll N$ entkoppelte Systeme mit einem Freiheitsgrad. Mit $m_n = 1$ ergibt sich

$$1\ddot{q}_n + 2D_n\omega_n\dot{q}_n + \omega_n^2 q_n = \Gamma_n. \tag{2.19}$$

Bei harmonischer Anregung lässt sich die Schwingungsantwort im modalen Raum durch Lösung von M entkoppelten Gleichungen bestimmen. Die Schwingung des Gesamtsystems ergibt sich aus der Superposition der entkoppelten Einzelsysteme mit (2.14).

Bei der experimentellen Modalanalyse ist die beschriebene Vorgehensweise unter Lösung eines Eigenwertproblems nicht möglich, da die Systemmatrizen nicht bekannt sind. Daher erfolgt die Identifikation der modalen Parameter indirekt durch Messung der Übertragungsadmittanz (*Frequency Response Funktion, FRF*)

$$H_{ik}(\Omega) = \frac{\hat{v}_i(\Omega)}{\hat{F}_k(\Omega)} \text{ mit } \hat{v}(\Omega) = j\Omega\hat{x}(\Omega) \tag{2.20}$$

zwischen zwei Freiheitsgraden i und k, vgl. [38].

Für die Auswertung der Übertragungsfunktionen gibt es verschiedene Identifikationsverfahren, siehe [109], [45], [38], [6], [7], [3]. Ist man nur an den Eigenfrequenzen interessiert, genügt bereits *eine* Übertragungsfunktion. Für die modalen Schwingformen benötigt man die Messung einer Spalte oder einer Zeile der Übertragungsmatrix **H**. Je nach Problemstellung werden die Strukturen meist mit einem Impulshammer oder Shaker angeregt. Die Schwingungsantwort kann beispielsweise mit Beschleunigungsaufnehmern oder einem Laservibrometer erfasst werden. Je nach Anregungsart bietet sich die Roving-Sensor- oder Roving-Hammer-Methode an, in dem der Sensor oder der Hammer über die Struktur wandert und schrittweise die Übertragungsfunktionen zu dem festen Referenzfreiheitsgrad (*RefDOF*) gemessen werden. Aus den Übertragungsfunktionen lassen sich mittels verschiedener lokaler und globaler *Curve-Fitting*-Verfahren die modalen Parameter abschätzen, nähere Ausführungen finden sich in den zuvor genannten Quellen. Neben den Eigenwerten erhält man die modalen Residuen R_n^{ik}, womit sich die ursprünglichen Übertragungsnachgiebigkeiten G_{ik} synthetisieren lassen, vgl. [3]:

$$G_{ik}(\Omega) = \frac{H_{ik}(\Omega)}{j\Omega} = \sum_{n=1}^{N} \frac{R_n^{ik}}{j\Omega - \lambda_n} + \frac{R_n^{ik^*}}{j\Omega - \lambda_n^*} \text{ mit } R_n^{ik} = \frac{\phi_n^i \phi_n^k}{j2m_n\omega_n} \tag{2.21}$$

Die Eigenvektoren ergeben sich durch Zusammenfassen der Residuen als modale Residuenvektoren $\mathbf{R}_n^k$, welche zunächst noch auf den Referenz-DOF k bezogen sind,

$$\mathbf{R}_n^k = \begin{Bmatrix} R_n^{i1,k} \\ R_n^{i2,k} \\ R_n^{i3,k} \\ R_n^{k,k} \end{Bmatrix} = \frac{1}{j2m_n\omega_n} \begin{Bmatrix} \phi_n^{i1}\phi_n^k \\ \phi_n^{i2}\phi_n^k \\ \phi_n^{i3}\phi_n^k \\ \phi_n^k\phi_n^k \end{Bmatrix}. \tag{2.22}$$

Mit dem Residuenvektor lässt sich bereits die modale Schwingform visualisieren. In der Regel möchte man die Schwingformen auf die modale Masse skalieren, so dass die Eingangsnachgiebigkeit G_{kk} (*Driving Point-Messung*) am Referenz-DOF erforderlich ist. Mit dessen Residuum R_n^{kk} lässt sich die Eigenvektorkomponente ϕ_n^k bestimmen und mit $m_n = 1$ auf die modale Masse normieren.

$$\phi_n^k \phi_n^k = R_n^{kk} j2m_n\omega_n \tag{2.23}$$

Damit lassen sich auch die anderen Eigenvektorkomponenten ϕ_n^i bestimmen und zu einem massenskalierten Eigenvektor $\boldsymbol{\phi}_n$ zusammenfassen, welcher nun unabhängig von der Referenz k ist. Mit den massenskalierten Eigenvektoren lassen sich beispielsweise beliebige Übertragungsfunktionen synthetisieren, oder quantitativ mit berechneten, massenskalierten Eigenvektoren aus FE-Berechnungen gegenüberstellen.

2.2 Zusammenhang maschinenakustischer Kenngrößen

Die abgestrahlte Schallleistung einer schwingenden Oberfläche S ist gegeben durch die maschinenakustische Grundgleichung

$$P(\Omega) = \rho_L c_L \sigma(\Omega) S \overline{\tilde{v}_N^{\,2}(\Omega)} \tag{2.24}$$

mit der Dichte ρ_L, der Schallgeschwindigkeit c_L der Luft, dem Abstrahlgrad σ und dem zeitlich und örtlich gemittelten Schnellequadrat $\overline{\tilde{v}_N^{\,2}}$ in Normalenrichtung, vgl. [105], [67], [77], [78].

$$\overline{\tilde{v}_N^{\,2}(\Omega)} = \frac{1}{S} \int_S \tilde{v}_N^{\,2}(\Omega, x)\,dS = \frac{1}{2S} \int_S |v_N(\Omega, x)|^2\,dS$$

$$\text{mit } \tilde{v}_N^{\,2}(\Omega, x) = \frac{1}{T} \int_T v_N^{\,2}(\Omega, x)\,dt = \frac{1}{2}|v_N(\Omega, x)|^2, \; T = \frac{1}{\Omega} \tag{2.25}$$

Üblicherweise interessiert in der Akustik weniger der Phasengang als das Verhältnis der energetischen Mittelwerte (Effektivwert) [105]. Die mittlere quadratische Übertragungsadmittanz $h_{\ddot{U}}^{\,2}$ beschreibt das Übertragungsverhalten bei Anregung mit einer Kraft F_i im Freiheitsgrad i für die mittlere Oberflächenschnelle einer Struktur, vgl. (2.20).

$$h_{\ddot{U},i}^{\,2}(\Omega) = \frac{\overline{\tilde{v}_N^{\,2}(\Omega)}}{\tilde{F}_i^{\,2}(\Omega)} \tag{2.26}$$

Sie ist sowohl von der Geometrie, als auch den Werkstoffeigenschaften wie E-Modul, Dichte, Querkontraktion und Dämpfung abhängig. Berücksichtigt man in der Übertragungsadmittanz zusätzlich die schallabstrahlende Oberfläche S, so erhält man die flächengewichtete mittlere quadratische Übertragungsadmittanz

$$Sh_{\ddot{U},i}^{\,2}(\Omega) = S \cdot \frac{\overline{\tilde{v}_N^{\,2}(\Omega)}}{\tilde{F}_i^{\,2}(\Omega)} . \tag{2.27}$$

Damit ist eine Aufteilung von (2.24) in mehrere Terme möglich, um die Struktureigenschaften $Sh_{\ddot{U}}^{\,2}$ und den Abstrahlgrad σ von der äußeren Kraftanregung F zu trennen:

$$P(\Omega) = \rho_L c_L \cdot \sigma(\Omega) \cdot Sh_{\ddot{U},i}^{\,2}(\Omega) \cdot \tilde{F}_i^{\,2}(\Omega) \tag{2.28}$$

Aufgrund des weiten Empfindlichkeitsbereiches des menschlichen Gehörs hat sich in der Akustik die logarithmische Pegeldarstellung als sinnvoll erwiesen. Aus (2.28) ergibt sich die Schallleistung in dB

$$L_W(\Omega) = L_\sigma(\Omega) + L_h(\Omega) + L_F(\Omega) \tag{2.29}$$

aus der Summe von Abstrahlmaß L_σ, Körperschallmaß L_h und Kraftpegel L_F mit

$$L_W(\Omega) = 10 \cdot \lg \frac{\widetilde{P}(\Omega)}{P_0}\, dB \ \text{ mit } P_0 = (\rho c)_L\, v_0^{\,2} S_0 = 1 \cdot 10^{-12}\,W \tag{2.30}$$

$$L_\sigma(\Omega) = 10 \cdot \lg \frac{\sigma(\Omega)}{\sigma_0}\, dB \ \text{ mit } \sigma_0 = 1 \tag{2.31}$$

$$L_h(\Omega) = 10 \cdot \lg \frac{S \cdot h_{\ddot{U}}^{\,2}(\Omega)}{S_0 \cdot h_{\ddot{U}0}^{\,2}}\, dB \ \text{ mit } S_0 \cdot h_{\ddot{U}0}^{\,2} = 2{,}5 \cdot 10^{-15}\, \frac{m^4}{N^2 s^2} \tag{2.32}$$

$$L_F(\Omega) = 10 \cdot \lg \frac{\widetilde{F}^{\,2}(\Omega)}{F_0^{\,2}}\, dB \ \text{ mit } F_0 = 1N \tag{2.33}$$

Die in dieser Arbeit verwendeten Bezugswerte beziehen sich auf die DIN 45630, welche im Gegensatz zur DIN EN 21683 in sich physikalisch schlüssig sind, siehe hierzu auch [126]. Zusätzlich zu den üblichen Pegelgrößen wird das Übertragungsmaß $L_{h\ddot{U}}$ als Pegel der Übertragungsadmittanz $h_{\ddot{U},ij} = \frac{v_i}{F_j}$ festgelegt, sowie der Momentenpegel L_M:

$$L_{h\ddot{U},ij}(\Omega) = 10 \cdot \lg \frac{h_{\ddot{U},ij}^{\,2}(\Omega)}{h_{\ddot{U}0}^{\,2}}\, dB \ \text{ mit } h_{\ddot{U}0} = 5 \cdot 10^{-8}\, \frac{m}{sN} \tag{2.34}$$

$$L_M(\Omega) = 10 \cdot \lg \frac{\widetilde{M}^{\,2}(\Omega)}{M_0^{\,2}}\, dB \ \text{ mit } M_0 = 1Nmm \tag{2.35}$$

Der Abstrahlgrad $\sigma(\Omega)$ gibt das Verhältnis der tatsächlich ins Fernfeld abgestrahlten Schallleistung zur abgestrahlten Schallleistung der Gehäuseoberfläche infolge der Strukturschwingung an, vgl. [105]. Der Abstrahlgrad kann für einfache Körper durch geschlossene Formeln ausgedrückt werden. Bei komplexen Strukturen ist die Ermittlung der Schallleistung im Fernfeld nur durch eine vergleichsweise aufwändige Luftschallsimulation mittels FE- oder Boundary-Element-Ansatz (BEM) möglich, welche der strukturdynamischen Analyse nachgeschaltet wird.

Da sich akustische Schwachstellen bereits in der abgestrahlten Schallleistung der Gehäuseoberfläche erkennen lassen, beschränkt sich der Begriff *Schallleistung* L_W in dieser Arbeit stets auf die Schwingung der Strukturoberfläche. Dies entspricht einer konservativen Annahme von $\sigma = 1$, bei der im Frequenzbereich unterhalb der Grenzfrequenz f_g Strukturschwingungen überbewertet werden, obwohl diese durch sogenannten „akustischen Kurzschluss" nicht bis ins Fernfeld übertragen werden [101]. Für eine äußerlich kompakte Gehäuseform kann die Grenzfrequenz als Kugelstrahler abgeschätzt werden

$$f_{g,K} = \frac{c_L}{\pi \cdot d_K} \tag{2.36}$$

mit der Schallgeschwindigkeit c_L und dem Durchmesser d_K [104]. Bei der betrachteten Struktur mit $d_K \approx 0{,}25\,\text{m}$ liegt die Grenzfrequenz mit $f_{g,K} \approx 380\,\text{Hz}$ ohnehin am unteren Ende des interessierenden Frequenzbereichs, welcher sich durch Strukturmodifikationen beeinflussen lässt. Unter Annahme eines Kugelstrahlers 1. Ordnung nimmt das Abstrahlmaß

$$L_\sigma(\Omega) = 10 \cdot \lg \frac{\left(\frac{d_K}{\lambda_L}\right)^4}{\frac{4}{\pi^4} + \left(\frac{d_K}{\lambda_L}\right)^4}\, dB \quad \text{mit} \quad \lambda_L = \frac{c_L}{\Omega} \tag{2.37}$$

unterhalb der Grenzfrequenz $f_{g,K}$ mit 40 dB je Dekade ab, vgl. [60].

Zudem haben Strukturmodifikationen einen größeren Einfluss auf die Schwingungseigenschaften als auf das Abstrahlverhalten, wie folgende Abschätzung zeigt, vgl. [104]. Für die Schallabstrahlung von ebenen Platten mit einer Plattendicke h gilt für die Grenzfrequenz die Gesetzmäßigkeit

$$f_{g,P} \propto \sqrt{\frac{m}{B}}, \tag{2.38}$$

wobei sich durch die Abhängigkeit der Biegesteifigkeit $B \propto h^3$ und der Massenbelegung $m \propto h$ bei einer Erhöhung der Plattendicke eine Verminderung der Grenzfrequenz ergibt und demzufolge die Abstrahlung ins Fernfeld verbessert wird:

$$f_{g,P} \propto \sqrt{\frac{h}{h^3}} \propto \frac{1}{h} \tag{2.39}$$

Demgegenüber hat die Übertragungsadmittanz die entgegengesetzte Wirkung, indem eine Erhöhung der Wandstärke die Weiterleitung stark behindert.

$$h_{\ddot{U}}(f) \propto \frac{1}{m\sqrt{m \cdot B}} \propto \frac{1}{h^3} \tag{2.40}$$

Aufgrund der Potenz überwiegt bei einer Zunahme der Wandstärke der Effekt der Übertragungsadmittanz. Damit ist dem Körperschallverhalten gegenüber dem Abstrahlverhalten ein größerer Einfluss auf das Gesamtgeräusch zuzuschreiben. Bezogen auf den Fluidraum sind erst dann Einflüsse auf das Abstrahlverhalten zu erwarten, wenn die Strukturmodifikationen im Bereich der Wellenlänge des Fluids liegen [88].

Weiterhin ist die Schallabstrahlung das letzte Glied in der Schallentstehungskette. Die Luftschallberechnung mittels BEM oder FEM ist zwar selbst weniger anfällig für Berechnungsfehler, denn üblicherweise sind die physikalischen Kenngrößen des umgebenden Mediums gut bekannt, vgl. [61]. Allerdings summieren sich mögliche Berechnungsfehler oder eine unzureichende Modellierungsgüte aus den vorausgehenden Schritten in dem berechneten

Luftschall. Da die Luftschallsimulation relativ aufwändig ist, wird angesichts des iterativen Optimierungsverfahrens aus Effizienzgründen nicht die Schallleistung im Fernfeld, sondern die Schwingung der Gehäuseoberfläche als Zielgröße betrachtet.

Die Berechnung der Schallleistung als Pegeladdition von Anregung und Körperschallmaß nach (2.29) bei einem Abstrahlgrad von $\sigma = 1$ zeigt Abb. 2.2. Die Charakteristik des Anregungsspektrums findet sich in dem Schallleistungsspektrum wieder, in dem die Amplituden der Kolbenfrequenzen geräuschbestimmend sind. Trifft die Kolbenfrequenz oder deren Harmonische auf eine Resonanz des Körperschallmaßes, so tritt ein erhöhter Pegel im Schallleistungsspektrum auf. Es ist jedoch bei ausschließlicher Betrachtung der Kolbenfrequenzen nicht ersichtlich, ob eine erhöhte Schwingungsantwort durch Resonanz oder eine große Anregungsamplitude verursacht ist, vgl. [102]. Zudem ist das schmalbandige Spektrum sehr empfindlich gegenüber kleinen Störungen wie einer Drehzahländerung oder Verschiebung von Eigenfrequenzen aufgrund ungenauer Modellierung bzw. Fertigung. Hierfür sind zusätzliche Auswertungsschritte bei verschiedenen Drehzahlen erforderlich, oder die Berechnung eines kontinuierlichen Drehzahlhochlaufes, vgl. [49].

Um effizienterweise das Resonanzverhalten einer Struktur auch bei der Simulation eines einzigen Betriebspunktes umfassend beurteilen zu können, wird in dieser Arbeit als Anregung nicht das schmalbandige Anregungsspektrum, sondern dessen Einhüllende verwendet. Zwischen den Kolbenfrequenzen wird die Amplitude linear interpoliert, so dass die Strukturantwort kontinuierlich im gesamten Frequenzbereich ausgewertet werden kann. Unterhalb der ersten Kolbenfrequenz wird der Pegel als konstant angesetzt. Durch diese Vorgehensweise kann mit der Einhüllenden des Schallleistungsspektrums in Abb. 2.2c das Schwingungsverhalten eingehend beurteilt werden.

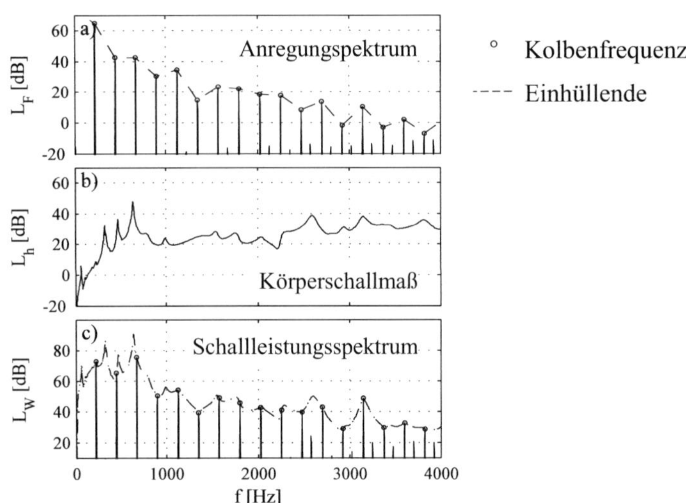

Abb. 2.2: Berechnung der Schallleistung für die diskreten Kolbenfrequenzen sowie deren Einhüllende mittels Pegeladdition $L_W = L_F + L_h$, $\sigma = 1$

2.3 Anregung und Schallausbreitung von Axialkolbeneinheiten

Axialkolbenpumpen in Schrägscheibenbauweise (Abb. 2.3) haben gewöhnlich eine ungerade Anzahl an Kolben, die in einem Zylinder geführt werden und sich über Gleitschuhe auf einer Gleitfläche abstützen. Die Kinematik der Kolben wird durch die Schrägscheibe definiert, welche im Neigungswinkel verändert werden kann. Durch die schräggestellte Gleitfläche wird den Kolben bei Drehung der Welle und des Zylinders eine axiale Bewegung aufgeprägt. Beim Ausfahren der Kolben aus dem Zylinder wird Öl auf der Niederdruckseite (*ND*) ange-saugt, beim Einfahren wird das Fluid gegen den Druck des Leitungssystems in die Hoch-druckniere (*HD*) gefördert. Die Trennung von Saug- und Hochdruckniere erfolgt durch die Verteilerplatte. Meist sorgen Kerben oder Bohrungen an äußerem (*AT*) und innerem (*IT*) Totpunkt für einen allmählichen Druckanstieg bzw. -abfall bei der Umsteuerung zwischen den beiden Druckniveaus. Die Regelung des geförderten Volumenstroms über die Verstel-lung der Schwenkwiege wird in der gezeigten Bauart durch Stell- und Gegenkolben realisiert.

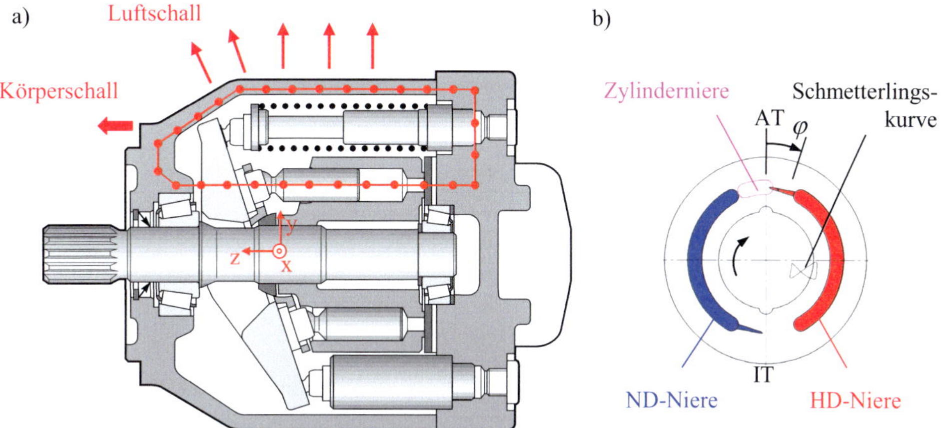

Abb. 2.3: a) Prinzip-Schnittbild einer Axialkolbenpumpe, b) Verteilerplatte

Als Anregungsursache für die Geräuschentstehung ist maßgeblich die wechselnde Druckkraft im Triebwerk verantwortlich [104], [71], [102], [14], [63]. Aufgrund der ungeraden Anzahl an Kolben (hier: $z = 9$) kommt es zu einer Pulsation der resultierenden Triebwerkskraft, wie in Abb. 2.4a dargestellt. Die wechselnden Druckkräfte wirken auf Kolben und Zylinderboden des Triebwerks. Der Kraftfluss wird über das Gehäuse geschlossen, so dass durch die dynamischen Kraftanteile das Gehäuse in Schwingung versetzt wird. Die Gehäuseschwingung regt einerseits die umgebende Luft an (Luftschall), andererseits werden die Vibrationen an angrenzende Strukturen weitergeleitet (Körperschall). Da das Pumpengeräusch durch die Weiterleitung der Triebwerksanregung auf das Gehäuse verursacht wird, spricht man von *indirekt* erzeugtem Luftschall.

Die Kräfte an den einzelnen Kolben $F_{ax,i}$ ergeben sich aus dem Druckverlauf in den einzelnen Zylinderkammern $p_{K,i}$ und der Kolbenfläche A_K bei Vernachlässigung der Massenträgheit und Annahme eines relativen Gehäusedrucks von $p_{Geh} \approx 0\,\text{bar}$:

$$F_{ax,i}(t) = A_K \cdot p_{K,i}(t) \tag{2.41}$$

und addieren sich zu der Gesamtkraft $F_{ax,ges}$

$$F_{ax,ges}(t) = \sum_{i=1}^{z} F_{ax,i}(t) \,. \tag{2.42}$$

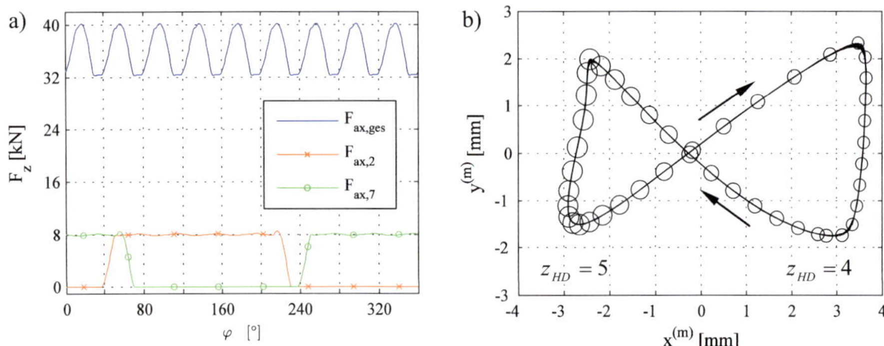

Abb. 2.4:   a) Überlagerung der einzelnen Kolbenkräfte zur Triebwerksgesamtkraft
             b) Ortskurve der resultierenden Triebwerkskraft („Schmetterling"),
             bezogen auf den zeitlich gemittelten Kraftmittelpunkt

Die Berechnung der hydraulischen Drücke und Kräfte in Axialkolbeneinheiten wurde bereits
in verschiedenen Arbeiten thematisiert [71], [17], [44], [47], [102]. Das dieser Arbeit zugrundeliegende Berechnungsmodell der Triebwerksanregung wird in NAFZ [106], [107] ausführlich beschrieben und validiert.

Durch die Rotation des Triebwerks verschieben sich die Wirklinien der Einzelkolbenkräf-
te und somit auch der Gesamtkraft, so dass der zeitlich variablen Gesamtkraft eine örtliche
Bewegung des Kraftmittelpunktes überlagert ist. Die Ortskurve, auch *Schmetterlingskurve*
genannt, liegt ausgehend vom AT typischerweise am Beginn des zweiten Quadranten (vgl.
Abb. 2.3) und ist detailliert in Abb. 2.4b dargestellt. Sie entsteht durch die Überlagerung der
Triebwerksdrehung in tangentialer Richtung und dem 4/5-Kolbenwechsel in x-Richtung. Die
Ortskurve berechnet sich aus den Positionen und Kräften der einzelnen Kolben

$$x_{F,ges}(t) = \frac{1}{F_{ax,ges}(t)} \sum_{i=1}^{z} x_{F,i}(t) \cdot F_{ax,i}(t) \tag{2.43}$$

$$y_{F,ges}(t) = \frac{1}{F_{ax,ges}(t)} \sum_{i=1}^{z} y_{F,i}(t) \cdot F_{ax,i}(t) \tag{2.44}$$

Da für akustische Betrachtungen lediglich der dynamische Anteil der Anregung von Interesse
ist, wird ein lokales Koordinatensystem $CS^{(m)}$ mit Lage im gewichteten, zeitlich gemittelten
Kraftangriffspunkt eingeführt:

$$x^{(m)} = x - \frac{1}{T} \int_0^T \frac{F_{ax,ges}(t)}{\overline{F_{ax,ges}}} x_{F,ges}(t) dt \tag{2.45}$$

$$y^{(m)} = y - \frac{1}{T}\int_0^T \frac{F_{ax,ges}(t)}{F_{ax,ges}}\, y_{F,ges}(t)\,dt \qquad (2.46)$$

Die Größe der Kreisringe in Abb. 2.4b zeigt qualitativ die Amplitude der Kraft, die zeitlichen Abstände zwischen den Kreisen sind jeweils gleich. Die Bewegung in x-Richtung wird durch den Wechsel von 4 (rechte Seite) zu 5 druckbeaufschlagten Kolben (linke Seite) verursacht. Die Verlagerung in y-Richtung kommt durch die Triebwerksrotation zustande. Man erkennt durch den unterschiedlichen Abstand der Kreisringe, dass beim Einfahren des Kolbens in die Hochdruckniere (rechts unten nach links oben) der Druckaufbau länger dauert als der Druckabbau während des Einfahrens in die Niederdruckniere (links unten nach rechts oben).

3 FE-Modellierung der Axialkolbeneinheit

Mit Hilfe der Finite-Elemente-Methode kann das strukturdynamische Verhalten komplexer Strukturen untersucht werden. Dies erlaubt eine umfassende Modellbildung der Gehäusebaugruppe mit den Funktionsbauteilen im Gehäuseinneren und der Festhaltung durch die Randbedingungen. In Bezug auf die Vernetzungsgüte sind die Anforderungen bei dynamischen Analysen geringer als beispielsweise für Festigkeitsberechnungen [54]. Für einzelne Bauteile aus üblichen metallischen Werkstoffen lässt sich das Schwingungsverhalten mit den Standardeinstellungen kommerzieller FE-Programme bereits sehr gut vorhersagen [8].

Besondere Sorgfalt bei der Modellierung ist dann gefordert, wenn mehrere Bauteile beispielsweise durch Verschraubungen oder Schmierspalte miteinander gekoppelt werden oder die Nachgiebigkeit der Randbedingungen das Schwingungsverhalten beeinflusst. Es ist offensichtlich, dass für solche Einflüsse die Verbesserung der Vernetzungsqualität oder Verfeinerung der Analyseschritte nicht ausreichend ist. Vielmehr muss das Modell auf physikalischen Zusammenhängen beruhen und die wesentlichen Eigenschaften der Realität abbilden können [90]. Hierzu sind oft Modellierungstechniken notwendig, die über die verfügbaren Standardfunktionen hinausgehen und auf Modellparametern basieren, die zusätzliche Untersuchungen erforderlich machen.

Das folgende Kapitel zeigt auf, wie die spezifischen Eigenschaften von Axialkolbenpumpen abgebildet werden können. Grundsätzlich ist die Realität nichtlinear, dies gilt in besonderem Maße für Axialkolbenpumpen mit einer Vielzahl an trockenen und benetzten Fügestellen, hydrostatisch entlasteten Koppelstellen, oder die Ölfüllung des Gehäuses. In der Praxis ist die Verwendung linearer Modelle zur effizienten Untersuchung der strukturakustischen Eigenschaften im Frequenzbereich üblich, die den entscheidenden Vorteil der modalen Superposition haben. Das im Rahmen dieser Arbeit entwickelte FE-Modell orientiert sich an den realen Verhältnissen, um so die wesentlichen Wirkzusammenhänge abzubilden und im Betriebspunkt zu linearisieren. Da einzelne Modellparameter die Ergebnisse mitunter deutlich beeinflussen können, ist es von entscheidender Wichtigkeit, jeweils gleich aufgebaute Modelle zu vergleichen, um daraus relative Unterschiede der einzelnen Geometrievarianten abzuleiten.

Das Simulationsmodell erhebt keineswegs den Anspruch, Versuche komplett zu ersetzen. Vielmehr sollen experimentelle Methoden ergänzt und in ihrer Effizienz gesteigert werden.

Es können Untersuchungen ohne die Gefahr von nicht reproduzierbaren Versuchen durch die prinzipbedingten Messunsicherheiten, Fertigungs- oder Montagestreuungen durchgeführt werden. Einzelne Parameter können isoliert variiert werden, ohne dass durch die einhergehende konstruktive Anpassung das Messergebnis verfälscht würde. Das Verständnis des dynamischen Verhaltens wird auf Basis der physikalischen Modellbildung, durch die Visualisierung der Schwingformen und die Möglichkeit, „in das Gehäuse" zu schauen, entscheidend vorangetrieben. Weiterhin können die virtuellen Untersuchungsmethoden Indizien liefern, um die Ursachen für Geräuschprobleme zu erklären, Maßnahmen gezielt abzuleiten und deren Wirksamkeit vorab zu beurteilen. Vor allem ist ein validiertes Simulationsmodell Voraussetzung für den erfolgreichen Einsatz numerischer Optimierungsverfahren, so dass Modifikationen am Modell die gleiche Wirkungsrichtung aufzeigen wie an der realen Maschine.

Die Validierung des FE-Modells erfolgt in mehreren Schritten, da bei einer direkten Gegenüberstellung von Mess- und Simulationsergebnissen der Gesamtstruktur im Falle von Abweichungen eine Eingrenzung der Ursachen nicht möglich ist. Sicherlich ließe sich das Verhalten des Modells mittels unphysikalischer Korrekturfaktoren an das der realen Pumpe anpassen. Ein solches Modell ist jedoch nur eingeschränkt gültig und wird bei kleinen Änderungen womöglich nicht mehr mit der Realität übereinstimmen. Daher muss der Aufbau und Abgleich des FE-Modells auf physikalisch motivierten Teilmodellen basieren. Jedes Teilmodell sollte zunächst für sich validiert werden, damit ein direkter, möglichst allgemeingültiger Zusammenhang von Ursache und Wirkung hergestellt werden kann. Der prinzipielle Ablauf für die schrittweise Validierung ist in Abb. 3.1 dargestellt.

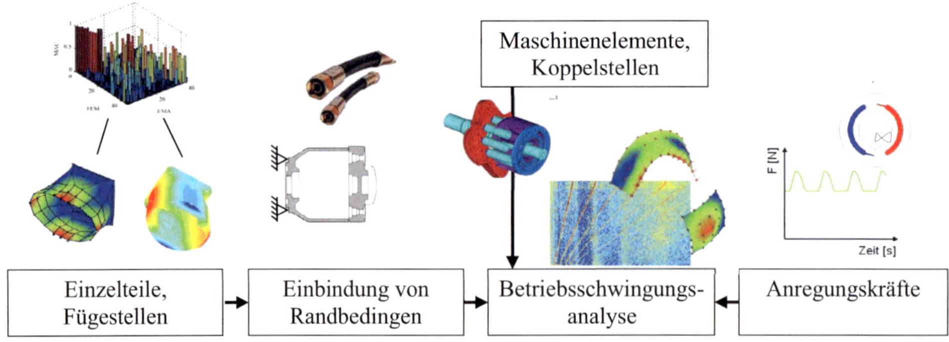

Abb. 3.1:   Schrittweise Validierung des FE-Modells

Zunächst erfolgt ein Überblick über den Aufbau des FE-Modells und es werden Ansätze und Modellierungstechniken aus vorangegangenen Untersuchungen zur Abbildung der verschiedenen Maschinenelemente und Koppelstellen aufgezeigt. Für die Triebwerksanregung kann auf ein bereits validiertes Berechnungsmodell aus [107] zurückgegriffen werden. Kapitel 3.2 behandelt daher lediglich die Umsetzung der zeitlich veränderlichen Anregung durch ortsfeste Lasten im Frequenzbereich. Für die Gehäusebaugruppe werden zunächst die Einzelteile separat abgeglichen und anschließend schrittweise zur Identifikation der Fügestellenparameter miteinander verschraubt (Kap. 3.3). In Kap. 3.4 wird zunächst in einer experimentellen Abschätzung untersucht, ob und in wie fern die einzelnen Randbedingungen das Schwingungsverhalten überhaupt beeinflussen. Danach wird das abgeglichene Modell der leeren Gehäusebaugruppe mit den Randbedingungen aus der Prüfstandseinspannung sowie den Schläuchen versehen, und die Ergebnisse werden Versuchsdaten gegenübergestellt. Die Betriebsschwingungsanalyse, die die einzelnen Bausteine zusammensetzt, wird schließlich in Kap. 4 mit Messergebnissen verglichen.

3.1 Überblick

Das in Abb. 3.2 gezeigte Modell enthält alle wesentlichen Bauteile, die im Kraftfluss der Triebwerkskräfte liegen und das dynamische Verhalten beeinflussen. Die Vernetzung erfolgt aufgrund der komplexen Geometrien überwiegend mit Tetraedern, nur vereinzelt war eine Vernetzung mit Hexaedern möglich. In beiden Fällen werden Elemente mit quadratischen Ansatzfunktionen ausgewählt, da lineare Elemente durch das zu steife Verhalten große Fehler verursachen können, vgl. [144]. Bei der Vernetzung für strukturdynamische Untersuchungen ist vorwiegend die Massen- und Steifigkeitsverteilung entscheidend. Dadurch können Details wie Kerbradien im Gegensatz zu Festigkeitsanalysen relativ grob approximiert werden [54].

Entsprechend der Maschinenfunktion werden die Einzelteile an den schwingungsübertragenden Kontaktstellen mit Kelvin-Voigt-Elementen (ANSYS: COMBIN14) gekoppelt, welche in Abb. 3.2 vereinfacht als Federn dargestellt sind. Dabei lassen sich mehrere Kontakttypen unterscheiden. Im Inneren sind dies geschmierte Koppelstellen mit hydrostatischer Entlastung bzw. hydrodynamischem Schmierfilm, Wälzlager, das Verstellsystem bestehend aus Stell- und Gegenkolben, sowie weitere benetzte Koppelstellen. Das Schwingungsverhalten der Gehäusebaugruppe selbst wird durch verschraubte Fügestellen sowie die Randbedingungen beeinflusst.

Dabei kommt der Parametrisierung der Koppelstellen eine entscheidende Rolle zu. Für einige sind Berechnungsmodelle verfügbar bzw. mit einfacher Überlegung abschätzbar, oder wurden bereits in anderen Arbeiten experimentell bzw. simulativ untersucht [82], [26], [121],

[102], so dass die Ansätze direkt übernommen werden können. Dagegen ist für die Modellierung der Fügestellen und der Randbedingungen keine direkte Umsetzung möglich. Sie werden daher in separaten Abschnitten behandelt. Gerade diese beiden Elemente müssen sehr sorgfältig betrachtet werden, da sie das Schwingungsverhalten der Gehäusebaugruppe unmittelbar beeinflussen.

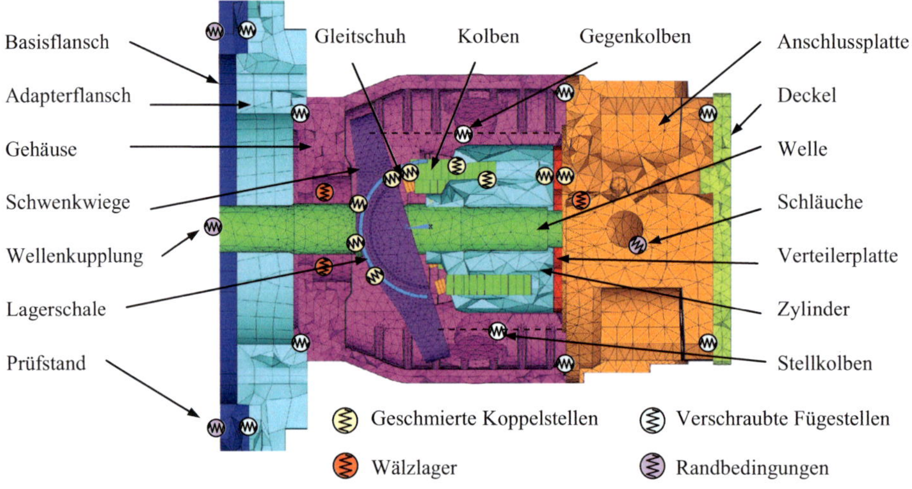

Abb. 3.2:   FE-Modell mit Kopplung der Einzelteile

Kolben und Gleitschuhe

Kolben und Gleitschuh werden vereinfacht als Balkenelemente mit einer Punktmasse im Bauteilschwerpunkt modelliert. Durch die kinematische Kopplung der Bauteile ergibt sich die für Axialkolbeneinheiten charakteristische Zerlegung der Axialkraft F_{ax} in dem Kugelgelenk zwischen Kolben und Gleitschuh, siehe Abb. 3.3a. Die Querkraft F_Q wird über die Kontaktstellen A und B von dem Kolben auf den Zylinder übertragen und über die Welle von den Wälzlagern aufgenommen. Die Normalkraft F_N des Gleitschuhs auf die Schrägscheibe wird über die Schwenkwiegenlager in das Gehäuse geleitet. Zur Minderung der Reibung zwischen Gleitschuh und Schrägscheibe sowie Gleitschuh und Kolben sind die Kontaktstellen hydrostatisch entlastet. Ebenso reduziert ein Schmierfilm im Leckagespalt zwischen Kolben und Zylinder die Reibkräfte, siehe hierzu auch [76], [57]. Die dynamischen Eigenschaften dieser geschmierten Koppelstellen hinsichtlich Steifigkeit, Dämpfung und Reibung werden ausführlich von KRULL [82] und BRÄCKELMANN [26] in einzelnen Bauteilprüfständen experimentell untersucht und durch empirische Näherungsgleichungen in Abhängigkeit von Betriebspunkt und Nenngröße erfasst.

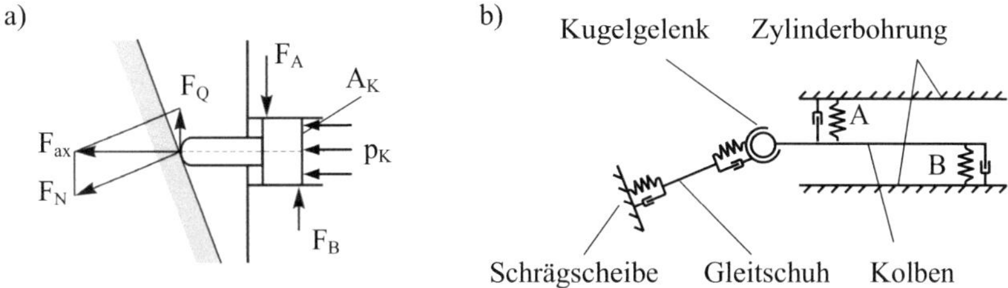

Abb. 3.3:   Kraftzerlegung durch die Triebwerkskinematik
a) Kraftzerlegung [25], b) Kopplung der Bauteile

Verstellsystem

Stell- und Gegenkolben können als Ersatzfeder in Abhängigkeit der Steifigkeit der Ölsäule $k_{Öl}$ abgeschätzt werden. Darin geht neben dem Elastizitätsmodul $E_{Öl}$ und der Kolbenfläche A_K das eingeschlossene Ölvolumen ein, bestehend aus dem Totvolumen V_{tot} und einem variablen Anteil in Abhängigkeit der ausgefahrenen Kolbenlänge l bei Schwenkwinkel α.

$$k_{Öl}(\alpha) = \frac{E_{Öl}A_K^{\,2}}{V_{tot} + A_K \cdot l(\alpha)} \tag{3.1}$$

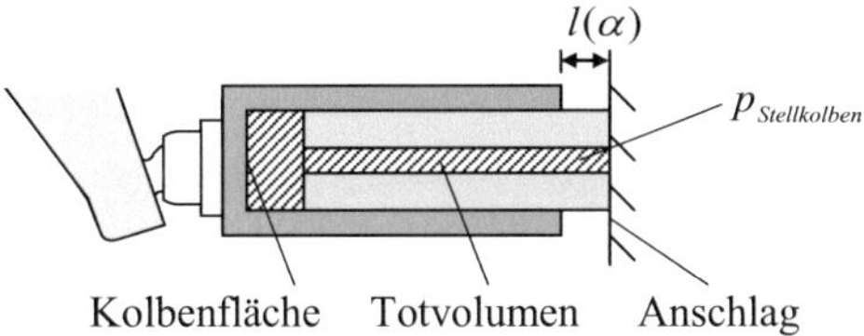

Abb. 3.4:   Stellkolben (schematisch)

Der Gegenkolben ist in der vorliegenden Konstruktion unmittelbar mit der Hochdruckniere verbunden, so dass das Totvolumen dem gesamten Systemvolumen entspricht und auf diese Weise die Steifigkeit der Ölsäule gegen null geht. Es wirkt daher nur die parallel geschaltete mechanische Feder zum Ausschwenken des Triebwerks im drucklosen Zustand. Auf der Seite des Stellkolbens muss weiterhin beachtet werden, dass der Stellkolben bei voller Fördermenge auf einen mechanischen Anschlag fährt und damit die Ölsäule durch den mechanischen Kontakt überbrückt wird.

Wellenkupplung

Die drehelastische Wellenkupplung zur Übertragung des Antriebsmomentes beeinflusst das Schwingungsverhalten in Form einer Zusatzmasse auf der Welle sowie durch ihre rotatorische Steifigkeit. Die Steifigkeit k_{rad} in radialer Richtung kann bei einem mittleren Radius r und gegebener Drehfedersteife k_{rot} näherungsweise abgeschätzt werden durch

$$k_{rad} = \frac{k_{rot}}{\pi r}.$$

(3.2)

Wälzlager

Die Steifigkeit der Wälzlager hängt neben der Geometrie der Lager selbst auch von der Lagersituation ab, in welche Faktoren wie Wellensteifigkeit, Lagervorspannung und Betriebspunkt eingehen. Die Berechnung der Steifigkeit auf Basis der Hertzschen Pressung im Wälzlager ist u.a. Voraussetzung für die Berechnung der Lagerlebensdauer und wurde daher in mehreren Arbeiten untersucht, siehe z.B. [119], [81], [52]. Viele Wälzlagerhersteller bieten Auslegungswerkzeuge zur Berechnung der Lebensdauer an, mit denen sich Steifigkeitsparameter in Abhängigkeit der Betriebslast ermitteln lassen. Für diese Arbeit wurde die Lagersituation mit der Software BEARINX [121] analysiert. Die Modellierung des Lagers erfolgt durch Verbindung zweier koinzidenter Pilotknoten im Lagermittelpunkt mit den ermittelten Radial-, Axial- und Verkippsteifigkeiten, welche jeweils mit dem Lagersitz auf der Welle beziehungsweise dem Gehäuse verbunden werden. Als Verbindung von Pilotknoten und Bauteilfläche wird ein MPC-Kontakt (*Multi Point Constraint*) gewählt. Der MPC-Kontakt koppelt die Freiheitsgrade direkt, ohne dass eine künstliche Kontaktsteifigkeit in das System eingebracht wird. Zudem erfordert das MPC-Verfahren keine zusätzlichen Gleichgewichtsiterationen.

Dämpfung

Durch die bei Maschinenstrukturen üblicherweise geringe Dämpfung (<10 %) kann die harmonische Analyse mit der Methode der modalen Superposition durchgeführt werden. In der Praxis treten Geräuschprobleme häufig dann auf, wenn die Einheit in ihren Eigenfrequenzen angeregt wird. Im Bereich der Resonanz ist die Schwingungsamplitude umgekehrt proportional zur modalen Dämpfung der Eigenschwingungsform. Die modale Dämpfung D_n (Lehrsches Dämpfungsmaß) kann entweder für alle Moden global, oder individuell auf Basis von experimentellen Ergebnissen bzw. Erfahrungswerten festgelegt werden. Je nachdem, welche Bauteile sich bei den einzelnen Schwingformen relativ zueinander bewegen, überwiegen verschiedene Dämpfungsmechanismen.

Im Gegensatz zur Annahme einer konstanten, global wirkenden Dämpfung lassen sich durch Verwendung lokaler Dämpfungen die stark unterschiedlichen modalen Dämpfungsgrade differenzieren, vgl. [62], [49]. Beispielsweise hängt die Dämpfung bei Starrkörperschwingungen von den Eigenschaften der Festhaltung ab, lokale Schwingungen der Gehäusewand sind über die Material- und Fügestellendämpfung charakterisiert. Resonanzen im Bereich des Triebwerks wiederum werden durch zahlreiche dissipativ wirkende Kontaktstellen stärker bedämpft, so dass hier die dissipativen Effekte korrekt den lokalen Relativbewegungen zugeordnet werden müssen. Diesbezüglich sind in Tab. 3.1 die für Axialkolbeneinheiten zutreffenden Dämpfungsmechanismen aufgelistet. Höhere Dämpfungsgrade treten insbesondere im Bereich der Maschinenelemente auf, da durch die größeren Relativbewegungen eine hohe Dissipation auftritt. Untergeordnete Dämpfungsmechanismen wie Material- und Fügestellendämpfung werden in einer globalen Dämpfung zusammengefasst. Zur Berücksichtigung der lokalen Dämpfungselemente wird der Eigensolver QRDAMP verwendet, vgl. [69], [70], [129], [5].

Tab. 3.1:   Auswahl von Erfahrungswerten für Dämpfungsparameter
aus [105], [123], [82], [26]

		Dämpfungsgrad D [%]
Materialdämpfung	Stahl	0,01
	Guss (globular)	0,1
	Guss (laminar)	0,2
Strukturdämpfung	Verschraubte Fügestellen	0,5…1,5
Maschinenelemente	Wälzlager (radial)	1…1,5
	Elastische Kupplungen	4…20
	Hydrostatische Lagerstellen	0,5…10

3.2 Abbildung der Triebwerksanregung

Für die Abbildung der Anregung im Frequenzbereich ist es erforderlich, die Anregung auf ortsfeste Größen zurückzuführen. Der zeitliche Verlauf des Kraftmittelpunktes auf der Schmetterlingskurve kann durch eine Überlagerung der axial wirksamen Triebwerkskraft mit zwei Momenten abgebildet werden, vgl. MÜLLER [102]. Der Ursprung für das Bezugssystem der Momentenbildung $CS^{(m)}$ befindet sich im zeitlich gemittelten Kraftangriffspunkt, siehe Gl. (2.45), (2.46).

$$F_{z,ges}(t) = \sum_{i=1}^{z} F_{ax,i}(t) \tag{3.3}$$

$$M_{x,ges}(t) = \sum_{i=1}^{z} y_i(t) \cdot F_{ax,i}(t) \tag{3.4}$$

$$M_{y,ges}(t) = -\sum_{i=1}^{z} x_i(t) \cdot F_{ax,i}(t) \tag{3.5}$$

Die drei Einzelanregungen aus (3.3)-(3.5) beschreiben gemeinsam die Anregung des Triebwerks im Zeitbereich, bestehend aus ortsfester Axialkraft und Abbildung der Schmetterlings-Kurve durch die Momente M_x und M_y. Die zeitlichen Verläufe der akustisch relevanten Wechselanteile sind in Abb. 3.5a-c dargestellt. Im Vergleich zu Abb. 2.4b unterscheiden sich die Amplituden der Momente M_x und M_y trotz einer vergleichbaren Ausdehnung der Schmetterlingskurve in x- bzw. y-Richtung deutlich voneinander. Dies liegt an der antizyklischen Schwingung von Axialkraft $F_{z,ges}$ und der Hebellänge $x_{F,ges}$, die zu einem geringeren Wechselanteil des Moments M_y um die y-Achse führt, vgl. [107]. Beim Druckaufbau erhöht sich die Axialkraft $F_{z,ges}$, während der Hebelarm $x_{F,ges}$ zur x-Achse reduziert wird. Beim Druckabbau wandert die Wirklinie der Gesamtkraft bei absinkender Größe nach außen, so dass das Moment weitgehend konstant bleibt. Das Moment M_x um die x-Achse weist erheblich höhere Wechselanteile auf und besitzt die halbe Periodenlänge der Gesamtkraft $F_{z,ges}$. Es sinkt bei Verschiebung des Kraftangriffspunktes in negativer y-Richtung durch die Triebwerksdrehung sowohl mit 4 als auch 5 druckbeaufschlagten Kolben, und steigt beim Zurückwandern des Kraftangriffspunktes durch den Druckauf- bzw. -abbau.

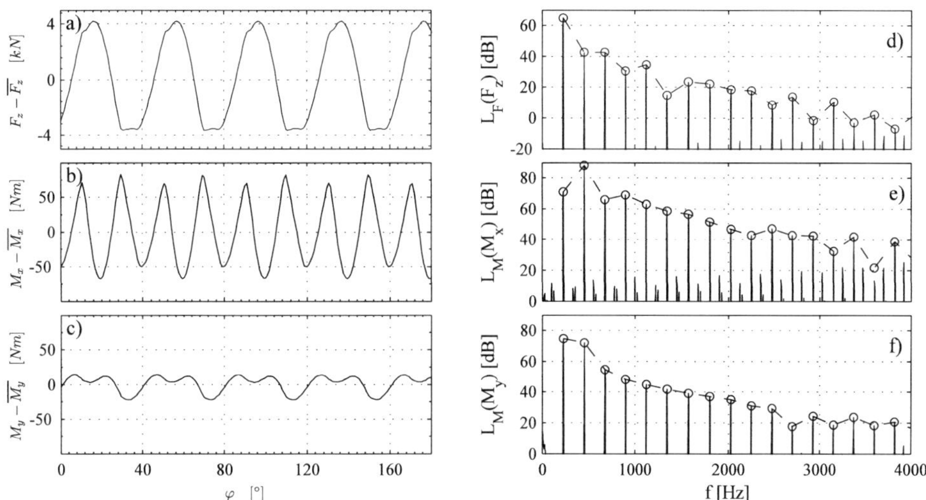

Abb. 3.5:   Anregung der resultierenden Triebwerkslast im
             a-c) Zeit- und d-f) Frequenzbereich

Gemäß dem Additionstheorem der Fourieranalyse setzt sich die Gesamtanregung im Frequenzbereich aus den Fouriertransformierten der Einzelanregungen zusammen.

$$\mathscr{F}\left(\begin{bmatrix} \mathbf{F}_{z,ges}(t) \\ \mathbf{M}_{x,ges}(t) \\ \mathbf{M}_{y,ges}(t) \end{bmatrix}\right) = \begin{bmatrix} \mathbf{F}_{z,ges}(\Omega) \\ \mathbf{M}_{x,ges}(\Omega) \\ \mathbf{M}_{y,ges}(\Omega) \end{bmatrix} \tag{3.6}$$

Die Frequenzspektren der Einzelanregungen sind in Abb. 3.5d-f dargestellt, in denen die Kolbenfrequenz f_K bei 225 Hz und deren Vielfache gut erkennbar sind. Die Kolbenfrequenz f_K ergibt sich aus der Drehzahl n und der Anzahl der Verdränger z (hier: $n = 1500\,\mathrm{min}^{-1}$, $z = 9$):

$$f_K = \frac{n \cdot z}{60\,\mathrm{min}^{-1}}\,\mathrm{Hz} \tag{3.7}$$

Deutlich ist die 1. Kolbenfrequenz im Spektrum der Kraft F_z ausgeprägt, während bei dem Moment M_x die 2. Kolbenfrequenz als charakteristische Amplitude auftritt. Die geringen Wechselanteile und der weichere Verlauf des Moments M_y im Zeitbereich machen sich im gesamten Frequenzbereich durch geringer ausgeprägte Amplituden als bei M_x bemerkbar.

Zur Aufbringung der Lasten auf das Modell wird die Gesamtanregung auf die einzelnen Kolben der Hochdruckseite aufgeteilt (hier: $z_{HD} = 5$). Um eine Kopplung der unabhängig voneinander beweglichen Kolben zu vermeiden, wird die Gesamtlast nicht von einem zentralen Pilotknoten ausgehend auf die Kolben verteilt, sondern mit einem linearen Gleichungssystem zerlegt und einzeln aufgebracht. Aufgrund der Triebwerkskinematik können die Kolben ausschließlich Axialkräfte aufnehmen, so dass eine Kraft- und zwei Momentengleichungen gegeben sind, Gl. (3.8)-(3.10). Weitere Gleichungen ergeben sich dadurch, dass die Kolben, welche sich vollständig im Bereich der Hochdruckniere befinden, die gleiche Kraft erfahren, Gl. (3.11).

$$F_{z,ges} = \sum_{z_{HD}} F_{K,i} \tag{3.8}$$

$$M_{x,ges} = \sum_{z_{HD}} y_{K,i} F_{K,i} \tag{3.9}$$

$$M_{y,ges} = -\sum_{z_{HD}} x_{K,i} F_{K,i} \tag{3.10}$$

$$F_{K,2} = ... = F_{K,z_{HD}-1} \tag{3.11}$$

Durch Lösung des Gleichungssystems (3.8)-(3.11) lassen sich bei gegebener resultierender Anregung $F_{z,ges}$, $M_{x,ges}$, $M_{y,ges}$ die unbekannten Einzelkräfte $F_{K,i}$ an den ortsfesten Kolbenpositionen $x_{K,i}$, $y_{K,i}$ bestimmen. Gemeinsam bilden die Einzelkräfte $F_{K,i}$ die ortsfeste Gesamtanregung aus Triebwerkskraft und Schmetterlingskurve im Frequenzbereich ab. Damit ist keine örtliche Verlagerung der Lastangriffspunkte erforderlich. Durch Aufbringung der Erregergrößen auf die Einzelkolben behalten diese ihre gegebenen Freiheitsgrade, ohne dass eine unphysikalische Kopplung, beispielsweise mittels MPC-Verbindung oder Balkenelementen zur Verteilung der Kraftanregung, das Schwingungsverhalten beeinflusst.

Der Druck in den einzelnen Zylinderkammern wirkt nicht nur auf die Kolben, sondern in entgegen gesetzter Richtung auch auf den Zylinderboden. Da die Zylinderböden von den Zylindernieren durchsetzt sind, wird die jeweilige Reaktionskraft entsprechend der verbleibenden Fläche korrigiert:

$$F_{Zyl,i} = F_{K,i} \cdot \frac{A_K - A_{Zyl.niere}}{A_K} \tag{3.12}$$

Das Aufbringen der Kräfte auf das FE-Modell zeigt die folgende Abb. 3.6. Die Kräfte werden auf die einzelnen Kolben bzw. über einen MPC-Pilotknoten jeweils auf die einzelnen Zylinderböden aufgebracht.

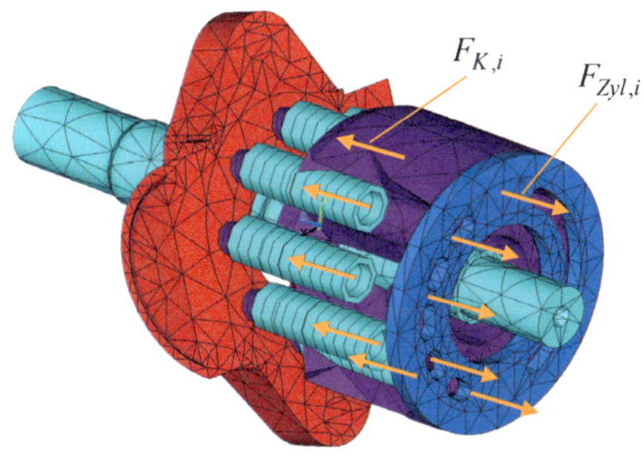

Abb. 3.6:   Modellierung der Anregungskräfte

3.3 Verschraubte Fügestellen

3.3.1 Allgemeines

Die einzelnen Bauteile der Gehäusebaugruppe werden durch Verschraubungen reibschlüssig verbunden. Während das dynamische Verhalten einzelner Bauteile bei den üblichen metallischen Werkstoffen auf Basis der Materialparameter mit ausreichender Genauigkeit vorhergesagt werden kann, stößt die Validierung von Baugruppen unter Kopplung mehrerer Bauteile auf Hindernisse [46].

In den Standardeinstellungen kommerzieller FE-Programme werden häufig Kontakte als starre oder linear-elastische Kopplung mit konstanter Kontaktsteifigkeit verwendet, die sich in statischen Analysen durch gute Konvergenzeigenschaften auszeichnen. Im Falle der hier eingesetzten FE-Software ANSYS [5] lässt sich die normale und tangentiale Kontaktsteifigkeit für den gesamten Kontaktbereich angeben. Im Bereich von Verschraubungen liegt jedoch eine lokal erhöhte Flächenpressung vor, welche beispielsweise in der VDI-RICHTLINIE 2230 [137] zur Schraubenauslegung vereinfacht durch einen konusförmigen Druckbereich (*Rötscher-Kegel*) angenommen wird. Außerhalb dieses Druckbereichs ist die Flächenpressung weit geringer, und es kann insbesondere bei dünnen Bauteilen zum Aufklaffen der Fügestelle kommen. Dabei wird dort die Kopplung der Bauteile aufgehoben, und es findet keine Schwingungsübertragung statt. Liegt die Kontaktstelle innerhalb des Kegels und ist diese klein im Vergleich zu der interessierenden Wellenlänge, kann der Kontakt durch wenige Freiheitsgrade beschrieben werden (*lumped joint model*). Für ausgedehnte Fügestellen oder kleine Wellenlängen ist ein Modell erforderlich, welches den lokal vorliegenden Kontaktverhältnissen Rechnung trägt (*distributed joint model*), vgl. [98].

Nach GOODMAN UND KLUMPP [58] sinkt die Dämpfung in der Fügestelle für kleine und für sehr große Schraubenvorspannungen beinahe auf null, während die Dämpfung bei optimaler Schraubenvorspannung deutlich über der Werkstoffdämpfung liegt. Weitere experimentelle Untersuchungen zu den Einflüssen von Oberflächenstruktur, Druckspannungsverteilung, Benetzungszustand und Anregungsamplitude auf die Dämpfung und Steifigkeit finden sich u.a. in SCHAIBLE [122], OTTL [113], PETUELLI [116], SCHOBER [124].

Neuere Untersuchungen beschäftigen sich mit der numerischen Abbildung von Fügestellen und deren nichtlinearen Kontakteigenschaften in FE-Berechnungen. Das Verhalten verschraubter Bauteile mit ausgedehnten Fügebereichen berechnet MAYER [98] in einer transienten Analyse. Dem entwickelten Kontaktelement zur Abbildung der lokalen Eigenschaften liegt das Kontaktmodell von HERTZ und MINDLIN in normaler und tangentialer Richtung für die Annäherung der mikroskopischen Rauhigkeitsspitzen (*Asperiten*) zugrunde. Dabei wurde es mit der makroskopischen Abhängigkeit von Kontaktdruck und der proportional ansteigenden Kontaktsteifigkeit nach GREENWOOD ergänzt.

Eine ausführliche Übersicht zu Dämpfungsmechanismen und Detektion von Nichtlinearitäten in Kontaktstellen gibt GEISLER [55], der das Schwingungsverhalten eines Doppelbalkens mit Hilfe der Harmonische-Balance-Methode im Frequenzbereich untersucht. Die Parameteridentifikation der Kontaktsteifigkeiten und des Reibbeiwerts erfolgt durch ein Modellkorrekturverfahren basierend auf den gemessenen bzw. berechneten Frequenzgängen. GÖRKE [59] geht anhand von Versuchen und der numerischen Betrachtung fraktaler Oberflächen auf den Einfluss der Rauhigkeit auf das Normal- und Tangentialkontaktverhalten ein. Versuche zeigen den dominanten Einfluss der Rauhigkeit auf das plastische Normalkontaktverhalten und von Formfehlern auf die elastische Deformation. Die tangentiale Haftkontaktsteifigkeit ist für glatte Oberflächen höher und nimmt mit der Normallast linear zu. Bei welligen Oberflächen zeigt sich ein degressiver Anstieg, außerdem hängt die Höhe der tangentialen Haftkontaktsteifigkeit dann kaum noch von der Materialpaarung und Oberflächenrauhigkeit ab.

3.3.2 Kontaktgesetz

Bei der Abbildung der Fügestelle muss berücksichtigt werden, dass eine effiziente Analyse der Gesamtstruktur den Einsatz numerisch aufwändiger Kontaktmodelle verbietet. Weiterhin muss auf eine einfache Implementierbarkeit des Fügekontaktes in die verwendete FE-Software geachtet werden. Dies schließt aufwändige Verfahren wie die Simulation im Zeitbereich aus, aber auch die Harmonische-Balance-Methode wird aufgrund der fehlenden Verfügbarkeit und den speziellen Anforderungen an das iterative Lösungsverfahren zunächst keine Anwendung finden. Die Modellierung der Dämpfung ist aufgrund vielfältiger nichtlinearer Abhängigkeiten (Flächenpressung, Bewegungsamplitude, Benetzungszustand, Frequenz) sehr komplex, wodurch die Vorhersage der Dämpfung nicht ohne aufwändige Verfahren auskommt.

Die Fügestellendämpfung ist zwar größer als die Materialdämpfung. Allerdings treten bei der betrachteten Anwendung weitere Dämpfungsmechanismen außerhalb der Fügestelle auf, welche einen noch stärkeren Einfluss auf die Gesamtdämpfung des Systems haben, vgl. Tab. 3.1. Daher beschränkt sich die Modellierung des nichtlinearen Kontaktverhaltens auf die lokale Abbildung der normalen und tangentialen Kontaktsteifigkeit in Anlehnung an MAYER [98]. Die Dämpfung wird als globale Größe unabhängig von der tatsächlich vorliegenden Relativbewegung der Fügestelle angenommen.

Nichtlineares Normalkontaktverhalten

Technische Oberflächen sind rau und besitzen eine statistische Höhenverteilung der Rauhigkeitsspitzen, wie in Abb. 3.7 schematisch dargestellt. Bei Annäherung der beiden Oberflächen treten zunächst nur einzelne Rauhigkeitsspitzen in Kontakt. Der Abstand g_N gibt den Abstand der Kontaktmittelebenen zueinander an. p_{N0} ist der Kontaktdruck bei Berührung der ersten Rauhigkeitsspitzen im Abstand g_{N0}. Bei weiterer Annäherung treffen zusätzliche Rauhigkeitsspitzen aufeinander und der Widerstand gegen Durchdringung steigt zunehmend an. Die Kontaktsteifigkeit nimmt dabei mit steigender Durchdringung zu.

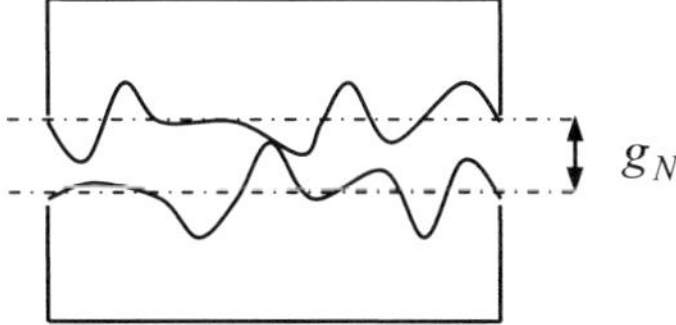

Abb. 3.7:   Kontakt zweier rauer Oberflächen

Dieses progressive Verhalten kann durch zwei konstitutive Gesetze ([98], [55], [80]) beschrieben werden, um eine Beziehung zwischen den Kontaktspannungen und Verschiebungen herzustellen, die die Rauheit integral berücksichtigen:

Das erste ist ein Potenzgesetz auf Basis experimenteller Untersuchungen nach KRAGELSKI

$$p_N = a(g_{N0} - g_N)^b, \ a > 0 \qquad\qquad \text{für } g_N \leq g_{N0} \qquad\qquad (3.13)$$

$$p_N = 0 \qquad\qquad\qquad\qquad\qquad \text{für } g_N > g_{N0}$$

mit dem Exponent b zwischen 2 und 3,3 für metallische Werkstoffe [145]. Für $b = 1$ ergibt sich wiederum ein lineares Kontaktverhalten mit der Ausnahme, dass im Falle negativer Druckspannungen diese zu null gesetzt werden.

Eine zweite Variante ist ein Exponentialgesetz mit

$$p_N = p_{N0} \cdot e^{-\lambda(g_N - g_{N0})}. \qquad\qquad\qquad\qquad (3.14)$$

Hierbei ist zu beachten, dass aufgrund der statistischen Verteilungsfunktion bereits vor der Annäherung der Flächen im Abstand g_{N0} einzelne Rauhigkeitsspitzen in Kontakt sind und somit $p_N > 0$ ist.

Beide Kontaktgesetze hängen nur von den Normalverschiebungen ab und sind unabhängig von Tangentialspannungen und -verschiebungen, so dass $\partial p_N / \partial g_T = 0$ gilt. Durch Differentiation von (3.13) bzw. (3.14) erhält man die Kontaktnormalsteifigkeit für das Potenzgesetz

$$k_N = -\frac{\partial p_N}{\partial g_N} = ab\left(\frac{p_N}{a}\right)^{1-\frac{1}{b}} \qquad\qquad \text{für } p_N > 0 \qquad\qquad (3.15)$$

$$k_N = 0 \qquad\qquad\qquad\qquad\qquad\qquad \text{für } p_N \leq 0$$

und für das Exponentialgesetz

$$k_N = -\frac{\partial p_N}{\partial g_N} = \lambda \cdot p_N \qquad\qquad\qquad \text{für } p_N > 0 \qquad\qquad (3.16)$$

$$k_N = 0 \qquad\qquad\qquad\qquad\qquad\qquad \text{für } p_N \leq 0$$

Der Einfluss der Kontaktparameter auf das Annäherungsverhalten ist beispielhaft in Abb. 3.8 gezeigt. Das progressive Steifigkeitsverhalten beider Kontaktgesetze ist in Abb. 3.8a erkennbar, bei zunehmender Annäherung der Kontaktpartner nimmt die Flächenpressung überproportional zu. Abb. 3.8b stellt den Zusammenhang von Flächenpressung und Kontaktsteifigkeit dar. Man bemerkt, dass die Kurvenverläufe der letzten zwei Parameterkombinationen des Potenzgesetzes aufeinander fallen, wohingegen alle Kurven in Abb. 3.8a ein unterschiedliches charakteristisches Verhalten aufweisen.

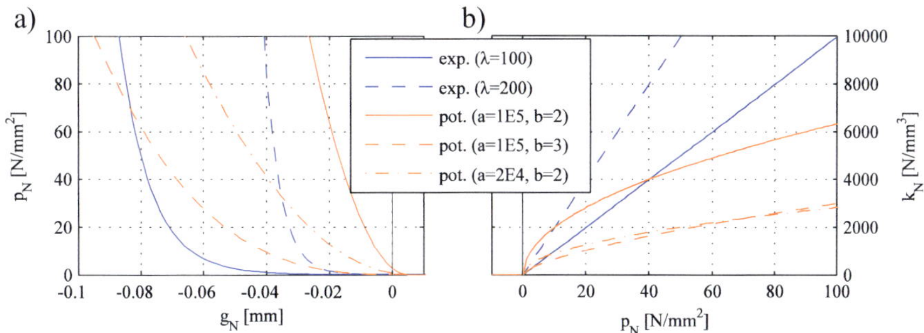

Abb. 3.8:   Sensitivität der Parameter auf die Kontakteigenschaften bei $g_{N0} = 5\,\mu m$, $p_{N0} = 0{,}01 N\,/\,mm^2$; Exponentialgesetz: $[\lambda] = mm^{-1}$; Potenzgesetz: $[a] = N\,/(mm^{2+b})$, $[b] = -$

Für eine eindeutige Identifikation der Kontaktparameter kann daraus gefolgert werden, dass für das Potenzgesetz die Relativverschiebung in der Messung erfasst oder zumindest ein Parameter durch weitere Abhängigkeiten bzw. Annahmen vorgegeben werden muss. Für den Modellabgleich in dieser Arbeit wird die Lage der Eigenfrequenzen herangezogen, so dass damit nur Steifigkeits- und Masseeigenschaften abgeleitet werden können. Daher beziehen sich die weiteren Ausführungen in dieser Arbeit aufgrund der einfacheren Beziehungen und Eindeutigkeit der Parameter auf das Exponentialgesetz.

Nichtlineares Tangentialkontaktverhalten

Voraussetzung ist der Kontakt der Fügeflächen, d.h. $g_N \leq g_{N0}$, da andernfalls keine Tangentialspannungen übertragen werden können. Weiterhin wird die Art der Tangentialbewegung mit einem elastischen und einem plastischen Anteil unterschieden. Bis zum Erreichen einer gewissen Tangentialspannung ist die tangentiale Relativverschiebung reversibel, es liegt Haften vor. Bei Überschreiten der Haftgrenze ist die Relativverschiebung irreversibel, der Kontakt gleitet.

MINDLIN und CATTANEO erweitern das Hertzsche Kontaktmodell zweier elastischer Kugeln auf die beginnende Tangentialbewegung unter einer Tangentialkraft F_T. Dabei wird angenommen, dass die Tangentialbewegung in der Kontaktfläche die Normalspannungen nicht beeinflusst und somit die Hertzsche Theorie gewährleistet bleibt, siehe auch MAYER [98], JOHNSON [73].

Bei *vollständigem Gleiten* hängt die Tangentialspannung durch den Reibkoeffizienten von dem Kontaktnormaldruck ab

$$\mu = \frac{|\tau_T|}{p_N} = \frac{|F_T|}{F_N} \, . \tag{3.17}$$

Haften die Kontaktflächen vollständig aufeinander, so kann entsprechend der Normalkontaktsteifigkeit für die tangentiale Relativbewegung zweier ausreichend von der Kontaktstelle entfernter Punkte die tangentiale Haftkontaktsteifigkeit k_{T0} bestimmt werden:

$$k_{T0} = \frac{\delta \tau_T}{\delta g_T} \, . \tag{3.18}$$

Als Verhältnis von tangentialer und normaler Kontaktsteifigkeit wird der tangentiale Haftkoeffizient β_0 eingeführt

$$\beta_0 = \frac{k_{T0}}{k_N} \, . \tag{3.19}$$

In der Realität liegt oft ein mittlerer Zustand zwischen den beiden zuvor vorgestellten Extremen vor. Bei *Mikroschlupf* bzw. *partiellem Gleiten* mit $0 \leq F_T \leq \mu F_N$ haftet zumindest noch ein Punkt, während in anderen Kontaktbereichen die Tangentialspannung die Haftgrenze bereits überschritten hat. Nach MINDLIN variiert die tangentiale Relativbewegung über dem Kontaktbereich von null im haftenden Bereich mit der höchsten Belastung bis zu einem ringförmigen Gleitbereich, in dem die Tangentialspannung die Haftgrenze überschreitet. Für den Hertzschen Kontakt zweier elastischer Kugeln ergibt sich die tangentiale Steifigkeit für den gesamten Kontaktbereich nach MAYER [98] durch

$$k_T = \frac{\partial F_T}{\partial g_T} = k_{T0}\left(1 - \frac{g_T}{g_T^{\max}}\right)^{1/2} = k_{T0}\left(1 - \frac{F_T}{\mu F_N}\right)^{1/3} , \tag{3.20}$$

und bezogen auf die Normalsteifigkeit

$$\frac{k_T}{k_N} = \beta_0\left(1 - \frac{F_T}{\mu F_N}\right)^{1/3} \, . \tag{3.21}$$

Man erkennt, dass in (3.21) für kleine Tangentialkräfte die Kontaktverhältnisse von Mikroschlupf zunehmend in Haften übergehen, vgl. (3.19). Dies wird durch Untersuchungen von GEISLER [55] bestätigt, in denen sich ein Kontakt weitgehend linear verhält, wenn die dynamische Belastung gegenüber der Vorspannung klein ist.

Betrachtet man die Verschraubungssituation der in dieser Arbeit untersuchten Anwendung, so werden dort die Schrauben zur Gewährleistung der Funktionssicherheit bei hohen Betriebslasten sehr fest angezogen. Bei einer qualitativen Bewertung ist infolgedessen davon auszugehen, dass in einem überwiegenden Teil der Kontaktstelle vollständiges Haften vorliegt. Kommt es zu einem Aufklaffen der Fügestelle, wird dies durch das feste Anziehen noch verstärkt. Sowohl die Schraubenvorspannung, als auch die primären Betriebskräfte wirken in Normalrichtung zur Fügestelle (vgl. Abb. 2.3). Lediglich die Querkraft zur Abstützung des Drehmoments, welches über die Wälzlager und die Schwenkwiegenlagerung in das Gehäuse eingeleitet wird, wirkt in tangentialer Richtung zu den Fügestellen. Der dynamische Anteil der Querkraft ist jedoch in deren Betrag deutlich geringer als die Schraubenvorspannkraft. Ein weiteres Indiz für eine rein elastische Belastung der Fügestelle ist das Fehlen von Verschleißspuren in einem ringförmigen Bereich um die haftende Kontaktzone. Nach VINGSBO [140] werden bei einer Gleitbewegung die adhäsiv verbundenen Rauheitsspitzen plastisch in Gleitrichtung geschert, währen in einem haftenden Kontakt die oberflächennahen Bereiche elastisch deformiert werden. Da von Erprobungen keine Verschleißspuren im Bereich der Fügestelle bekannt sind, deutet dies auf das Überwiegen des Haftzustandes hin. Damit vereinfacht sich die Modellierung des Fügekontaktes, da keine Unterscheidung des Haft- und Gleitzustandes erforderlich ist.

Aufgrund der geringen Relativbewegung mit überwiegend elastischer Verformung ist nur von einer geringen Ausprägung der Fügestellendämpfung auszugehen. Dies bestätigt die zulässige Vernachlässigung einer detaillierten Fügestellendämpfung, womit keine wesentliche Steigerung der Vorhersagequalität des FE-Modells zu erwarten wäre.

3.3.3 FE-Modellierung

Für die Implementierung des Kontaktgesetzes aus (3.16) und (3.19) war die Entwicklung eines eigenen PDJ-Kontaktelementes (*Pressure Dependent Joint*) erforderlich, welches den lokal vorliegenden Steifigkeitsverhältnissen Rechnung trägt. Durch die Beschränkung auf kleine Relativbewegungen bekannter Kontaktflächen sind Kontaktsuchalgorithmen nicht erforderlich. MAYER [98] und GEISLER [55] verwenden für die Bauteilkopplung Zero-Thickness-Elemente in Verbindung mit einer User-Subroutine zur Einbindung der dort verwendeten Kontaktgesetze.

In der vorliegenden Arbeit wird ein einfaches Kontaktgesetz zur Beschreibung der linearisierten Fügesteifigkeit angewendet, so dass auf die Einbindung einer User-Subroutine innerhalb eines iterativen Lösungsprozesses verzichtet werden kann. Stattdessen wird bei der entwickelten Vorgehensweise lediglich vor der Lösung im Frequenzbereich ein statischer linearelastischer Lastfall berechnet, dessen zusätzlicher numerischer Aufwand sehr gering ist. Der PDJ-Kontakt wird aus Standard-FE-Elementen zusammengesetzt und durch ein APDL-Skript

(*ANSYS Parametric Design Language* [5]) automatisiert eingefügt. Damit beliebig vernetzte Bauteile verbunden werden können, wird mit Hilfe eines MPC-Kontaktes (*Multi Point Constraint*) eine zusätzliche Knotenschicht zur Kopplung von inkompatiblen Netzen eingefügt, siehe Abb. 3.9.

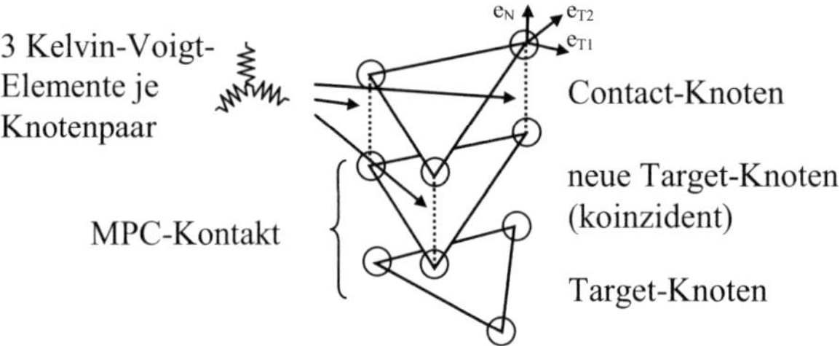

Abb. 3.9:   Aufbau des PDJ-Kontaktes als Zero-Thickness-Element

Der MPC-Kontakt koppelt die Freiheitsgrade der neuen *Target*-Knoten direkt mit den ursprünglichen *Target*-Knoten, ohne dass eine künstliche Kontaktsteifigkeit in das System eingebracht würde. Zwischen den *Contact*-Knoten und den neuen, nun koinzidenten *Target*-Knoten werden punktweise je 3 Kelvin-Voigt-Elemente eingefügt. Zur Berücksichtigung der normalen und tangentialen Richtungsabhängigkeit werden die nodalen Koordinatensysteme entsprechend der Kontaktoberfläche ausgerichtet, welche als Bezugsrichtung der Kelvin-Voigt-Elemente dienen.

Die lokalen Kontakteigenschaften lassen sich durch die Parametrierung der einzelnen Kelvin-Voigt-Elemente zwischen den koinzidenten Knotenpaaren realisieren. Dabei wird die knotenspezifische Kontaktfläche A_i berücksichtigt, um bei unterschiedlich fein vernetzten Bauteilen die lokale Flächenpressung aus der Federkraft bzw. die Federsteifigkeit aus der Kontaktsteifigkeit zu bestimmen:

$$p_N(x_i) = \frac{F_N^{KV,i}}{A_i} \tag{3.22}$$

$$K_N^{KV,i} = A_i k_N(x_i) \text{ und } K_{T1}^{KV,i} = K_{T2}^{KV,i} = A_i k_T(x_i) \tag{3.23}$$

Mehrere Möglichkeiten zur Modellierung von Verschraubungen mit unterschiedlicher Ergebnisgüte werden in HELFRICH [66] vorgestellt. Für das Aufbringen der Schraubenvorspannung untersuchte GEISLER [55] mehrere Modellierungsvarianten mit unterschiedlichem Detaillierungsgrad. Trotz einer unterschiedlichen Normalspannungsverteilung im unmittelbaren Bereich des Schraubenkopfes konnte mit einer detaillierten Schraubenmodellierung das reale Schwingungsverhalten nicht besser wiedergegeben werden als mit einem groben Modell.

Relevant für das Schwingungsverhalten einer Struktur sind vorwiegend die Kontaktbereiche, in denen eine hohe Nachgiebigkeit vorliegt, so dass Unzulänglichkciten im direkten Bereich der Verschraubung keine wesentlichen Auswirkungen haben. Daher wird im weiteren Verlauf dieser Arbeit die in Abb. 3.10 gezeigte Modellierung angewendet. Anstatt mit einer Schraube als Festkörper wird die Kraft durch zwei Pilotknoten aufgebracht, welche jeweils mit den Knoten der einzelnen Bauteile verbunden sind. Für die Kopfauflage werden die Knoten der oberen Bohrungskante verwendet, die Einleitung der Vorspannkraft über das Gewinde findet durch die Knoten der zylindrischen Mantelfläche statt. Die Masse der Schraube wird jeweils zur Hälfte auf die Knoten der Kopfauflage und des Gewindes verteilt.

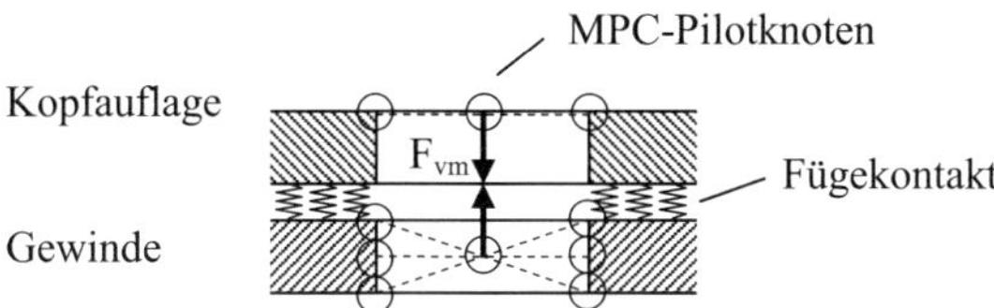

Abb. 3.10: Vereinfachtes Aufbringen der Schraubenvorspannkraft

Die Schraubenvorspannkraft kann für den Normalfall (unbehandelte, geölte Schraube) mit einer Näherungsformel durch das Anzugsmoment und den Nenndurchmesser der Schraube bestimmt werden [120]:

$$F_{vm} = \frac{M_a}{0{,}17 \cdot d} \,.$$
(3.24)

In den experimentellen Untersuchungen werden die Schrauben mit einem Drehmomentenschlüssel angezogen.

Der statische Schraubenlastfall wird bei einer über den gesamten Bereich konstanten, linearen Kontaktsteifigkeit gerechnet. Die initiale Kontaktsteifigkeit wurde mit $k_{N0} = 3000\,N\!/mm^3$ aus [116] abgeschätzt. Da es sich um eine statische linear-elastische Analyse handelt, kann diese effizient in cincm Berechnungsschritt gelöst werden. Anschließend werden die Kontakteigenschaften der Fügestelle auf Basis der lokal vorhandenen Flächenpressung im stationären Verspannungszustand durch die Gleichungen (3.16) und (3.19) linearisiert. Schließlich wird der dynamische Lastfall gelöst. Abb. 3.11 zeigt den Berechnungsablauf.

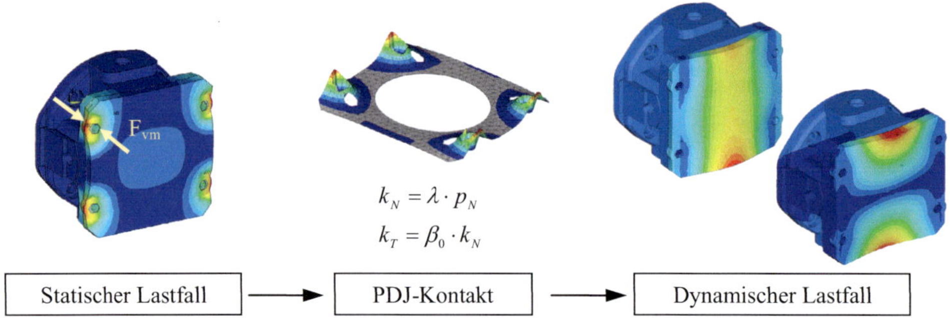

Abb. 3.11: Ablauf zur Berechnung des PDJ-Kontaktes

Da die Verschraubungskräfte des Pumpengehäuses deutlich größer sind als die überlagerten dynamischen Kräfte, kann angenommen werden, dass ebenso die statischen Relativverschiebungen in der Fügestelle groß sind im Vergleich zu den dynamischen Schwingungsamplituden. Dies ist Voraussetzung dafür, dass bei einem Aufklaffen der Fügestelle kein „Klappern" der Kontaktflächen auftritt, so dass auch Fügestellen mit offenen Kontaktbereichen mit der vorgestellten Methodik linearisiert werden können.

3.3.4 Parameteridentifikation

Die Kontaktparameter der Fügestelle λ, β_0 haben einen wesentlichen Einfluss auf das Schwingungsverhalten der Gesamtstruktur. Ihre Identifikation ist ein unerlässlicher Prozess, um die numerische Modellierung der Fügestelle an die Realität anzupassen. Eine wichtige Anforderung ist die Übertragbarkeit der identifizierten Parameter auf andere Betriebszustände oder Strukturen mit einer modifizierten Geometrie.

Man unterscheidet zwischen direkten und indirekten Identifikationsverfahren. Prinzipiell lassen sich die Steifigkeitskennwerte durch statische Verformungskennlinien oder Hystereseschleifen ermitteln, vgl. GÖRKE [59]. Allerdings entsteht dabei das Problem, dass die Messstelle in dem Kontaktbereich schwer zugänglich ist, die Ergebnisse durch den Messaufbau beeinflusst werden können und eine Mittelung über die Kontaktfläche oft nicht erwünscht ist. Letzteres ist insbesondere bei Verschraubungen von Bedeutung, da direkt an der Verschraubungsstelle eine stark erhöhte Normalspannung vorliegt.

Die indirekten Verfahren werden als Optimierungsproblem formuliert. Bei dieser iterativen Modellkorrektur (*Model Updating*) werden die Parameter solange angepasst, bis die Kenngrößen des Modells dem gemessenen Verhalten der realen Struktur entsprechen. Steht das Modell im Einklang mit der Realität, so reduziert sich die Systemidentifikation zu einer Parameterschätzung, vgl. GEISLER [55], MAYER [98]. Die identifizierten Parameter stellen daher auch keine genauen Werte dar, da u.a. Messfehler, Ungenauigkeiten in der FE-Diskretisierung oder andere Modellierungsfehler vorliegen können. In jedem Fall ist eine Plausibilitätsprüfung der ermittelten Parameter nötig. Falls sich diese sehr weit von einem sinnvollen Wertebereich entfernen oder die Optimierung nicht konvergiert, kann dies darauf hindeuten, dass das Modell nicht die erforderlichen Freiheitsgrade besitzt. Einen Überblick zu Model-Updating-Verfahren geben die Werke von FRISWELL [51] und MARWALA [93].

Als Kenngrößen können Ergebnisse aus dem Zeit- bzw. Frequenzbereich oder modale Eigenschaften herangezogen werden. Während Berechnungen im Zeitbereich mit einem hohen numerischen Aufwand verbunden sind, können nach einem Abgleich mit FRFs noch große Fehler verbleiben, wenn die Resonanzstellen zwar nahe beieinander, aber eben nicht aufeinander liegen. Dies führt insbesondere bei komplexen Strukturen mit vielen Resonanzstellen in Verbindung mit schwacher Dämpfung zu Problemen. Liegt lineares Verhalten vor, so können modale Kenngrößen verglichen werden. Die numerische Modalanalyse ist mit einem vergleichsweise geringen Aufwand verbunden, so dass sich diese sehr gut für einen iterativen Modellabgleich eignet. Die experimentelle Modalanalyse (EMA) ist ein bewährtes Verfahren zur Erfassung der strukturdynamischen Eigenschaften. Einen Überblick zu verschiedenen modalen Korrelationskriterien bietet z.B. ALLEMANG [4]. Theoretische Hintergründe und wertvolle Hinweise für die erfolgreiche Durchführung einer EMA finden sich in AVITABLE [7], NATKE [109], EWINS [45], VIBRANT [138].

Als in Übereinstimmung zu bringende Kenngrößen werden die Eigenfrequenzen korrelierter Modenpaare herangezogen. Für eine effiziente Durchführung des iterativen Abgleichs ist eine Automatisierung des gesamten Vorgangs sinnvoll. Eine manuelle Zuordnung der Modenpaare durch visuelle Gegenüberstellung der Schwingformen ist sehr aufwändig, fehleranfällig und setzt in regelmäßigen Abständen Eingriffe des Anwenders voraus.

Die Zuordnung der Moden basiert auf dem *Modal Assurance Criterion* (MAC), so dass die Moden unabhängig von ihrer Reihenfolge und Vollzähligkeit korrekt zugeordnet werden können. Das Kriterium bildet das Skalarprodukt zwischen zwei Eigenvektoren und ist auf Werte zwischen 0 (keine Übereinstimmung) und 1 (vollständige Übereinstimmung) normiert:

$$MAC_{i,j} = \frac{\left|\phi_i^{*}\phi_j\right|^2}{\left(\phi_i^{*}\phi_i\right)\left(\phi_j^{*}\phi_j\right)}. \tag{3.25}$$

In der Praxis werden Werte über 0,9 als eine Übereinstimmung interpretiert, ab 0,6 spricht man von einer Ähnlichkeit der Schwingformen. Das MAC ist ein Maß für die Kollinearität der modalen Schwingformen und kann allerdings deren Konsistenz lediglich anzeigen. Es ist jedoch kein Nachweis der Orthogonalität nach (2.12), da eine Gleichverteilung der Masse angenommen wird. Ferner ist es von besonderer Wichtigkeit, dass die Eigenvektoren fehlerfrei und vollständig, d.h. in allen an der Schwingung beteiligten Freiheitsgraden gemessen werden, vgl. ALLEMANG [4]. Gewöhnlich ergibt sich für die MAC-Matrix eine Diagonalform.

Der automatisierte Ablauf der Modellkorrektur setzt eine systematische Zuordnung der Modenpaare auf Basis der MAC-Matrix voraus. Wird lediglich der maximale MAC-Wert zu jeder experimentellen Schwingform ausgewertet und die FE-Moden entsprechend zugewiesen, kann dies zur Folge haben, dass mehrere FE-Moden einer Eigenform der EMA zugewiesen werden. Bei umgekehrter Vorgehensweise ist dies ebenfalls möglich. Daher werden in dieser Arbeit beide Ansätze kombiniert. Es wird sowohl in den Reihen, als auch in den Spalten der MAC-Matrix nach den maximalen Einträgen gesucht. Positionen, die in beiden Suchläufen als maximale Werte auftreten, werden als M korrelierte Modenpaare gewertet. Dies erlaubt sowohl die Zuordnung vertauschter Moden, als auch von Modenpaaren mit einem geringen MAC-Wert, so dass auf die Festlegung eines bestimmten Mindestwertes verzichtet werden kann.

Aus dem relativen Fehler der einzelnen Modenpaare

$$\delta_{f,i} = \frac{f_{FEM} - f_{EMA}}{f_{EMA}} \tag{3.26}$$

wird der mittlere relative Gesamtfehler $\overline{\delta_f}$ berechnet. Die folgende Formulierung auf Basis des quadratischen Mittels (*Root Mean Square*) hat sich in den Untersuchungen als erfolgreich erwiesen:

$$\overline{\delta_f} = \left[\frac{1}{\sum_{i=1}^{M} MAC_i^2} \sum_{i=1}^{M} \left(\delta_{f,i} \cdot MAC_i \right)^2 \right]^{\frac{1}{2}}. \tag{3.27}$$

Die Einzelfehler werden dabei mit dem jeweiligen MAC-Wert gewichtet. Modenpaare mit einer hohen Korrelation gehen somit stärker in den Gesamtfehler ein als Modenpaare mit einer geringen Übereinstimmung. Damit werden gering korrelierte Modenpaare mit niedrigem MAC, die sich aber dennoch zuordnen lassen, zwar in dem mittleren Fehler berücksichtigt, verfälschen jedoch nicht das Ergebnis gegenüber den vollständig zuordenbaren Modenpaaren mit hohen MAC-Werten. Die Vorgehensweise erlaubt den Verzicht auf eine zusätzliche manuelle Gewichtung der Modenpaare, zumal sich die Qualität der Übereinstimmung im Laufe der Optimierung ändern kann.

In Bezug auf die Designparameter unterscheidet man bei FE-Modellen zwischen lokalem und globalem Model-Updating, vgl. DASCOTTE [34]. Bei Wahl der lokalen Parameter auf Elementebene können vergröberte Schalenmodelle abgeglichen oder Modellbereiche identifiziert werden, welche eine Netzverfeinerung bzw. verbesserte Modellierung erfordern [34] und verteilte Materialparameter von Verbundwerkstoffen [84] oder Materialfehler identifiziert werden. Durch die große Anzahl an Designparametern muss bei der lokalen Modellkorrektur die Sensitivität der Zielfunktion durch die Elementmatrizen bestimmt werden. Das Gradientenverfahren konvergiert sehr schnell und findet das Optimum ausgehend von einem initialen Design bereits innerhalb weniger Iterationen. Bei dem Abgleich von Fügestellen ohne Berücksichtigung eines Kontaktgesetzes kann sich allerdings eine unphysikalische Steifigkeitsverteilung einstellen, obwohl diese zu einer guten Übereinstimmung der Kenngrößen führt. Weiterhin ist die gefundene Steifigkeitsverteilung speziell an die betrachtete Geometrie geknüpft, eine Übertragbarkeit auf andere Strukturen ist mit hoher Unsicherheit verbunden.

Bei der globalen Modellkorrektur werden die Parameter für das Gesamtmodell oder einzelne Bauteile festgelegt, beispielsweise der E-Modul, Dichte oder die Parameter des Kontaktgesetzes. Da die Anzahl der globalen Designparameter in der Regel klein ist, können auch Optimierungsalgorithmen ohne lokale Approximation eingesetzt werden. Aufgrund der in den Baugruppen enthaltenen Nichtlinearitäten ist ein Springen der durch die MAC-Werte zugeordneten Modenpaare möglich, so dass die Zielfunktion mehrere Unstetigkeiten und lokale Minima aufweisen kann. Infolgedessen empfiehlt sich der Einsatz eines stochastischen Optimierungsverfahrens, welches das Minimum innerhalb des gesamten Designbereiches findet.

In dieser Arbeit wurde ein evolutionärer Optimierungsalgorithmus eingesetzt. Dieser bildet die Evolution im biologischen Sinne nach und kennzeichnet sich durch mehrere Designs (*Individuen*) innerhalb einer Generation, vgl. [43], [125]. Nach der Berechnung aller Individuen werden die Merkmale an die neue Generation weitervererbt (*Rekombination*). Je besser das Design, desto mehr Merkmale werden vererbt, ungeeignete Designs werden aussortiert (*Selektion*). Bei der Vererbung können die Merkmale auch zufällig verändert werden (*Mutation*). Die Optimierung wird beendet, wenn über mehrere Generationen keine Designverbesserung mehr erreicht wird.

Die Optimierungsrechnung läuft nach dem in Abb. 3.12 gezeigten Schema ab. Der Optimierer OPTISLANG [43] übergibt einen Satz an Designvariablen, mit welchen das Modell modifiziert und berechnet wird. Die Modelle von Messung und Simulation unterscheiden sich in ihren verwendeten Freiheitsgraden grundsätzlich. In der Regel ist das Bezugsgitter für die Messpunkte erheblich gröber aufgebaut als das FE-Netz und die Nummerierung der Knoten stimmt nicht überein. Zudem werden die Freiheitsgrade der Messgrößen meist an der Oberfläche der Messobjekte ausgerichtet. Daher müssen die Eigenvektoren in eine gemeinsame Form gebracht werden, damit diese mit dem MAC (3.25) verglichen werden können. Aufgrund der reduzierten Datenmenge erscheint es praktikabler, die FE-Ergebnisse auf die gemessenen Freiheitsgrade zu reduzieren, als die Messergebnisse auf das FE-Netz zu expandieren.

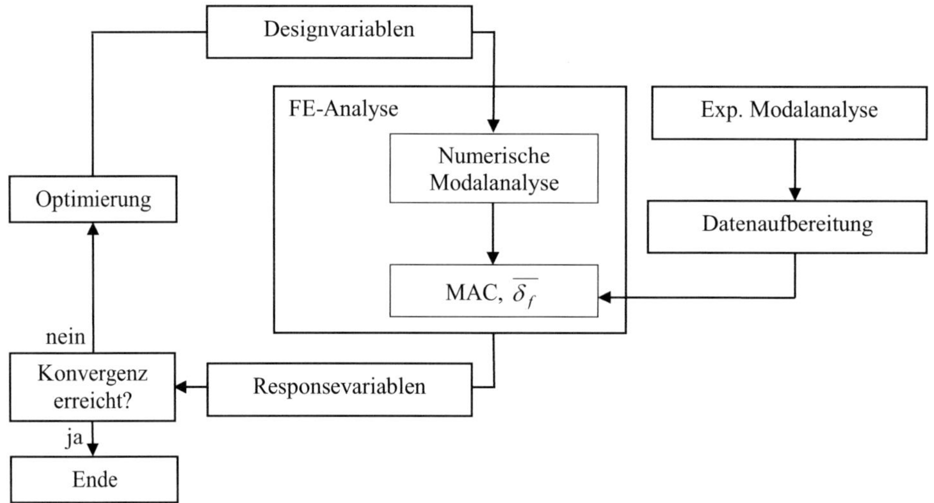

Abb. 3.12: Optimierungsschleife zum Abgleich von Simulation und Messung

Vor der Gegenüberstellung werden die Daten aus der EMA-Software ME'SCOPE [139] im UNIVERSAL FILE FORMAT [127] exportiert und einmalig in dem Programmpaket MATLAB [94] mit einer Weiterentwicklung von READUFF [29] so aufbereitet, dass diese sich in die FE-Software ANSYS [5] importieren lassen. Nach Durchführung der numerischen Modalanalyse führt ein automatisiertes APDL-Skript den Import der Messdaten und die Gegenüberstellung der Ergebnisse in mehreren Schritten durch:

- Überprüfen von Ausrichtung und Lage des globalen Koordinatensystems

- Zuordnen der Messpunkte zu den jeweiligen FE-Knoten

- Auslesen der modalen Verschiebungen in Richtung der lokalen Mess-Koordinatensysteme

- Filtern nicht gemessener Freiheitsgrade (z.B. tangential zur Oberfläche)

- Bestimmen der Kollinearität von gemessenen und berechneten Schwingformen mit dem MAC-Kriterium

- Zuordnen der korrelierten Modenpaare

- Bestimmen des relativen Fehlers der korrelierten Modenpaare und damit des mittleren relativen Gesamtfehlers

Vor Abschluss der Iteration werden die Antwortgrößen exportiert und an den Optimierer übergeben. Ist das Konvergenzkriterium erreicht oder gibt es nur noch marginale Verbesserungen, wird die Optimierung beendet. Ansonsten wird die nächste Iteration mit neuen Designvariablen gestartet.

Um die Änderungen der Kenngrößen eindeutig den Kontaktparametern zuordnen zu können, werden zunächst die Einzelteile separat abgeglichen und anschließend die Bauteile schrittweise zusammengefügt, so dass die Konfiguration jeweils nur eine unbekannte Größe enthält, vgl. BITTNER [20], GEISLER [55]. Einerseits bleibt dadurch die Anzahl der Designparameter klein, andererseits können bei separater Identifikation die Parameter mit einer höheren Schärfe identifiziert werden, insbesondere wenn die Sensitivitäten in unterschiedlichen Größenordnungen liegen. Zudem addieren sich bei mehreren Fügestellen die nichtlinearen Effekte, wodurch eine saubere Extraktion von Schwingungen lokaler Teilbereiche durch die Überlagerung mit den globalen Schwingformen schwieriger ist.

Die abgeglichenen FE-Modelle der Einzelteile sind speziell für die betrachteten Bauteile gültig und dienen nur als Zwischenschritt, um die Kontaktparameter möglichst zielsicher zu identifizieren. Für allgemeingültige Untersuchungen sollte wiederum auf die Werkstoffparameter des Herstellers zurückgegriffen werden, sofern keine umfangreicheren statistischen Untersuchungen vorliegen.

Die Dichte der Einzelteile lässt sich sehr einfach durch Auswiegen des Bauteilmasse korrigieren. Abweichungen können beispielsweise durch die Streuung der Werkstoffeigenschaften, Lufteinschlüsse und geometrische Fertigungsungenauigkeiten wie Kern- bzw. Formversatz von Gussteilen verursacht sein. In Voruntersuchungen wurde festgestellt, dass der Einfluss der Querkontraktion vernachlässigbar ist. Der E-Modul der Einzelteile ergibt sich durch die Minimierung des mittleren Fehlers nach (3.27):

$$\min_{E} \overline{\delta_f} \quad \text{mit } M \geq M_{\min}, \ E_{\min} \leq E \leq E_{\max}. \tag{3.28}$$

Damit der Fehler nicht dadurch reduziert wird, dass die Anzahl der Modenpaare verkleinert oder im Extremfall auf null gesetzt wird, sorgt eine Nebenbedingung für eine Mindestzahl $M_{\min}$ an korrelierten Modenpaaren.

Die experimentellen Modalanalysen werden mit der Roving-Hammer-Methode mit mehreren, asymmetrisch angeordneten dreiachsigen Beschleunigungsaufnehmern durchgeführt, um ggf. auch lokale Moden und symmetrische Schwingformen (*repeated roots, closely coupled modes*) zuverlässig erfassen zu können, vgl. [7]. Die Bauteile werden frei/frei gelagert, da diese Randbedingung am einfachsten sowohl im Modell als auch in der Realität übereinstimmend abbildbar ist. Die Aufhängung erfolgt weit unterhalb der ersten Eigenfrequenz an elastischen Seilen, welche durch die Verschraubungslöcher geführt werden. Bei der Befestigung wird darauf geachtet, dass sich insbesondere die energiereichen ersten Schwingformen ungehindert ausprägen können, beispielsweise die Ovalisierung des offenen Gehäuserandes.

Die FE-Modelle und entsprechende Messstrukturen sind in Abb. 3.13 gegenübergestellt. Die Feinheit des Messpunkte-Rasters stellt einen guten Kompromiss zwischen Messaufwand und Auflösung höherer Moden dar. Da die zylindrische Gehäuseaußenseite nur in Normalenrichtung angeregt werden kann, werden die lokalen Koordinatensysteme der Messpunkte normal zur Oberfläche ausgerichtet. Soweit es die Zugänglichkeit der Messpunkte zulässt, werden diese in allen Raumrichtungen mit dem Impulshammer angeregt und über 3 (Einzelteile) bzw. 5 (Baugruppen) Messungen gemittelt. Die Vernetzung der FE-Modelle erfolgt mit quadratischen Tetraedern und wird im Bereich der Verschraubungen lokal verfeinert.

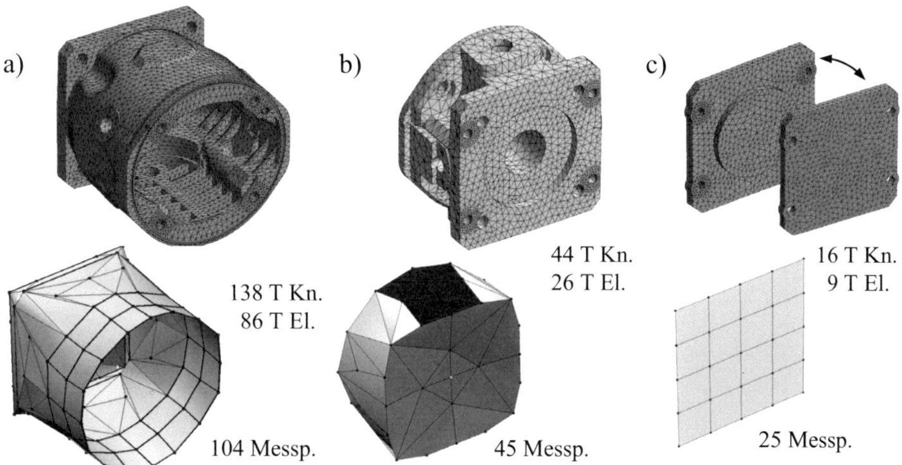

Abb. 3.13: Verwendete FE-Modelle bzw. Messgitter mit Anzahl Knoten, Elemente
bzw. Messpunkte für a) Gehäuse, b) Anschlussplatte, c) Deckel

Der Frequenzbereich für die Messung wird so groß wie möglich gewählt, in dem die Moden noch mit guter Qualität hinsichtlich der Kohärenz gemessener Übertragungsfunktionen und Phasenkollinearität der ermittelten Schwingformen erfasst werden können, um damit eine möglichst umfassende Beschreibung des Schwingungsverhaltens zu erhalten. Für die Darstellung der Eigenformen sei auf Anhang A verwiesen. Dort findet sich eine Auswahl charakteristischer Schwingformen aus der experimentellen und numerischen Modalanalyse, um einen Eindruck des Schwingungsverhaltens zu vermitteln. Dabei ist auch erkennbar, dass bei der Analyse der Baugruppen jeweils Moden auftreten, welche eine Relativbewegung der Fügestelle sowohl in normaler, als auch tangentialer Richtung aufweisen. Damit ist eine Identifikation für beide Kontaktparameter möglich.

Abb. 3.14 zeigt die Übereinstimmung von Messung und Simulationsmodell für den Deckel. In Abb. 3.14a sind die MAC-Werte der korrelierten Modenpaare dargestellt, die Zahlen entsprechen der Modenummer der EMA. Eine Lücke weist somit auf eine nicht korrelierbare Mode hin. Im Bereich bis 8 kHz konnten alle 10 Modenpaare mit einem MAC über 90 % korrekt zugeordnet werden. Die eindeutige Zuordenbarkeit der ersten 10 Moden zeigt sich auch in der 3D-Darstellung der MAC-Matrix in Abb. 3.14c durch die ausgeprägte Diagonalform in diesem Bereich. In Richtung höherer Frequenzen wird die Biegewellenlänge zunehmend kleiner, wodurch die Schwingformen durch das 5x5-Raster der Messpunkte nur grob erfasst werden, zudem fallen kleine Abweichungen bei der Zuordnung der Messpunkte stärker ins Gewicht. Infolgedessen tauchen diverse Einträge abseits der Diagonalform auf, dennoch ist eine Zuordnung auch bei niedrigen MAC-Werten noch möglich. Nur vereinzelte Moden lassen sich nicht zuordnen.

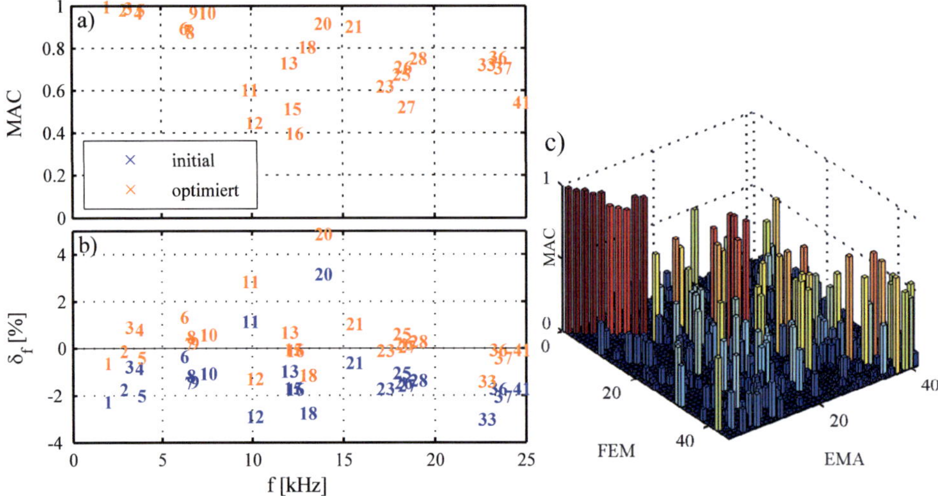

Abb. 3.14: Übereinstimmung von Messung und Simulation des Deckels
            a) MAC-Werte korrelierter Modenpaare mit Nummer der EMA-Mode,
            b) relative Abweichung der Eigenfrequenzen, c) MAC-Matrix (optimiert)

Die Korrektur der Werkstoffparameter hat keinen Einfluss auf die Schwingform, sichtbar an den exakt übereinstimmenden MAC-Werten des initialen und optimierten Modells in Abb. 3.14a. In Abb. 3.14b erkennt man, dass der durch Schneidbrennen und anschließende spanende Fertigung hergestellte Stahldeckel bereits mit den initialen Werten des Werkstoffdatenblatts nur einen kleinen systematischen Fehler aufweist. Die Parameter müssen nur um ein geringes Maß korrigiert werden, siehe Tab. 3.2.

Tab. 3.2: Werkstoffparameter der Einzelteile und mittlere Frequenzabweichung
           vor bzw. nach dem Abgleich

		Gehäuse		Anschlussplatte		Deckel	
		initial	optimiert	initial	optimiert	initial	optimiert
ρ	t/m³	7,25	-0,69 %	7,1	-3,30 %	7,85	-1,27 %
E	N/mm²	122500	+15,3 %	169000	-4,56 %	205000	+2,11 %
$\overline{\delta_f}$		7,71 %	1,33 %	2,00 %	1,58 %	1,72 %	1,34 %

Exemplarisch für die Modellkorrektur von Bauteilen aus Sandguss ist in Abb. 3.15 das Ergebnis für das Gehäuse abgebildet, welches eine größere initiale Frequenzabweichungen aufweist als der Deckel aus Stahl. Die Abweichung stellt ebenfalls einen systematischen Fehler dar und lässt sich durch die Anpassung der Werkstoffparameter leicht korrigieren, vgl. Abb. 3.15b. Wie bei dem Deckel bleiben die MAC-Werte durch die Optimierung unverändert. Bedingt durch die zunehmend kleinere Biegewellenlänge nehmen mit zunehmender Frequenz auch hier die MAC-Werte ab (Abb. 3.15a). Durch die große Anzahl an gemessenen Freiheitsgraden (124) lassen sich die Schwingformen genauer differenzieren, und es treten in der MAC-Matrix in Abb. 3.15c nur wenige Einträge außerhalb der Diagonalen auf.

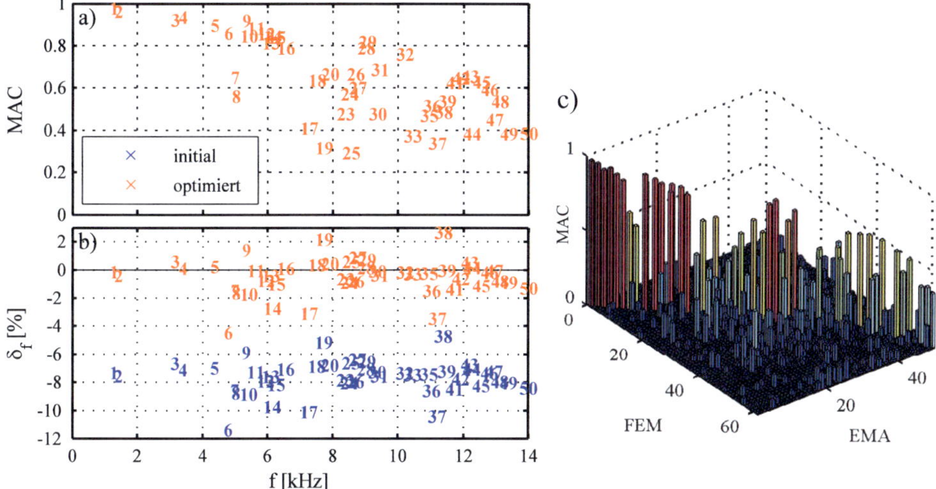

Abb. 3.15: Übereinstimmung von Messung und Simulation des Gehäuses
a) MAC-Werte korrelierter Modenpaare mit Nummer der EMA-Mode,
b) relative Abweichung der Eigenfrequenzen, c) MAC-Matrix (optimiert)

Insgesamt können die FE-Modelle der Einzelteile durch eine geringe Anpassung der Materialparameter dem Verhalten der realen Bauteile erfolgreich angeglichen werden. Der überwiegende Teil der korrelierten Modenpaare besitzt eine Abweichung von unter 2 %, im Bereich der wichtigsten Moden bis 5 kHz beträgt die Abweichung maximal 1 %. Bemerkenswert ist auch die geringe Abweichung im oberen Frequenzbereich, trotz der hohen Modendichte. Dies bestätigt die ausreichend feine Vernetzung der Bauteile.

Die sehr gute Übereinstimmung von Messung und Simulation erlaubt nun die Verwendung der Modelle für den weiteren Modellkorrektur-Prozess. Es zeigt sich, dass bei den vorliegenden Bauteilen die Abweichung alleine durch Anpassung der globalen Materialparameter zufriedenstellend reduziert werden kann und eine lokale Korrektur der Geometrie oder der Materialparameter nicht mehr erforderlich ist.

Die abgeglichenen Einzelteile können nun zur Identifikation der Kontaktparameter verwendet werden. Analog zur Formulierung des Optimierungsproblems für die Einzelteile (3.28) erfolgt die Minimierung des mittleren Fehlers mit den Designvariablen λ und β_0.

$$\min_{\lambda,\beta_0} \overline{\delta_f} \quad \text{mit } N \geq N_{\min}, \ \lambda_{\min} \leq \lambda \leq \lambda_{\max}, \ \beta_{0,\min} \leq \beta_0 \leq \beta_{0,\max} \tag{3.29}$$

Aufgrund der Nichtlinearität der Zielfunktion wird zunächst eine globale Suche im gesamten Designraum nur durch Variation des sehr sensitiven Parameters λ bei konstantem Haftkoeffizienten β_0 durchgeführt. Erst nachdem ein Design in der Nähe des Optimums gefunden ist, wird die lokale Suche unter Variation beider Designparameter fortgesetzt. Der Optimierungsalgorithmus erfordert je nach Baugruppe zwischen 7 und 15 Generationen mit jeweils 10 Individuen, um das Konvergenzkriterium zu erreichen.

Die Ergebnisse des Abgleichs für die Baugruppe Gehäuse / Anschlussplatte sind in Abb. 3.16 dargestellt. Während die Schwingformen der Einzelteile durch den Abgleich der Materialparameter gleich blieben, führt die Optimierung der Fügestelle zu einer Veränderung der modalen Schwingformen. Man erkennt dies an den höheren MAC-Werten fast aller Modenpaare nach der Optimierung in Abb. 3.16a.

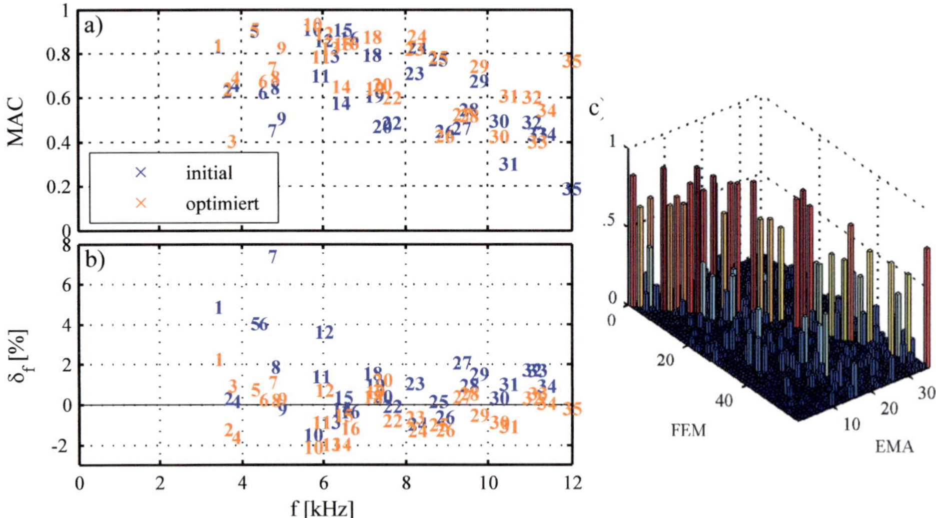

Abb. 3.16: Ergebnis des Abgleichs für Gehäuses / Anschlussplatte
a) MAC-Werte korrelierter Modenpaare mit Nummer der EMA-Mode,
b) relative Abweichung der Eigenfrequenzen, c) MAC-Matrix (optimiert)

Die Abweichung der korrelierten Eigenfrequenzen weist mit der initialen Parametrisierung eine erkennbare Frequenzabhängigkeit auf, insbesondere die tieferen Eigenfrequenzen zeigen z.T. starke Abweichungen (Abb. 3.16b). Dies liegt daran, dass die ersten Schwingformen das globale Schwingungsverhalten beschreiben und damit stärker von Bauteilkopplungen beeinflusst werden. Höhere Moden prägen sich wegen der kürzeren Wellenlänge als lokale Moden aus und werden entsprechend weniger durch die Fügestelle beeinflusst. Nach der Korrektur der Kontaktparameter ist die Frequenzabweichung aller Schwingformen auf ca. 2 % oder geringer reduziert. Die Verbesserung des Modells wird durch eine deutliche Reduktion der Kontaktsteifigkeit erreicht, wie an den identifizierten Parametern in Tab. 3.3 ersichtlich.

Tab. 3.3: Kontaktparameter der Fügestellen und mittlere Frequenzabweichung vor bzw. nach dem Abgleich

		Gehäuse / Anschlussplatte		Anschlussplatte / Deckel	
		initial	optimiert	initial	optimiert
λ	1/mm	4000	297	4000	124
β_0	-	1,00	1,76	1,00	0,84
$\overline{\delta_f}$		2,41 %	1,13 %	8,27 %	1,90 %
Verschraubung M_a / F_{vm}		M 14 (10.9) 207 Nm / 87 kN		M 12 (8.9) 87 Nm / 42,7 kN	

Wie stark das Schwingungsverhalten von Bauteilen von der Fügestelle beeinflusst werden kann, zeigt sich an der Baugruppe aus Anschlussplatte und Deckel in Abb. 3.17. Mit der initialen, sehr steifen Parametrisierung werden von den ersten zehn Moden fünf überhaupt nicht abgebildet. Die weiteren weisen nur eine geringe Übereinstimmung der Schwingform bei einer deutlichen Frequenzabweichung auf. Nach der Modellkorrektur lassen sich fast alle Moden zuordnen und es gibt eine gute Übereinstimmung der Schwingformen. Die Frequenzabweichungen liegen ebenfalls mit wenigen Ausnahmen im Bereich von 2 %.

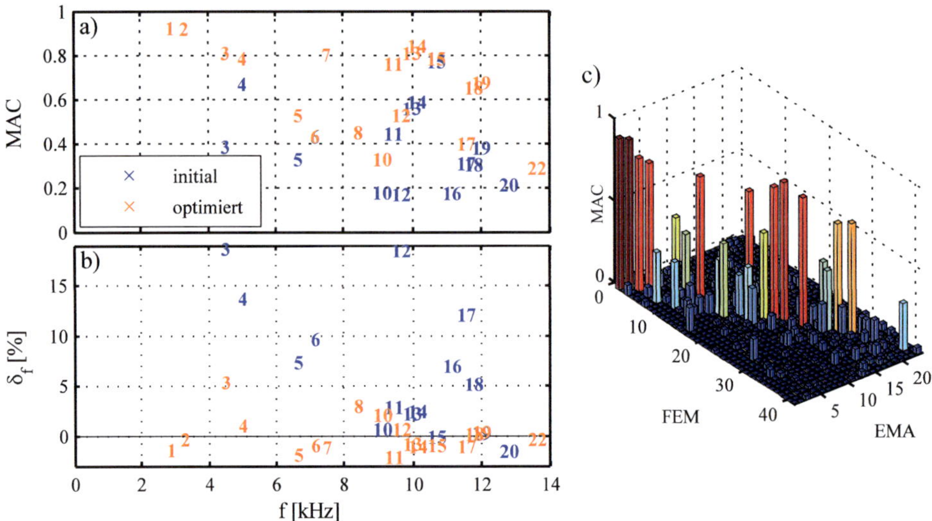

Abb. 3.17: Ergebnis des Abgleichs für Anschlussplatte / Deckel
a) MAC-Werte korrelierter Modenpaare mit Nummer der EMA-Mode,
b) relative Abweichung der Eigenfrequenzen, c) MAC-Matrix (optimiert)

Abb. 3.18 zeigt für beide untersuchte Fügestellen die lokal vorliegende Flächenpressung und die damit ermittelte Kontaktsteifigkeit in Normalenrichtung nach der Modellkorrektur. Bei beiden Fällen liegt eine stark erhöhte Flächenpressung im Bereich der Verschraubung vor. Wie in Abb. 3.18a erkennbar, wird ein Öffnen des Kontaktes zwischen Gehäuse und Anschlussplatte dadurch verhindert, dass die Bauteile in Normalenrichtung zur Kontaktstelle eine hohe Steifigkeit aufweisen. Dagegen wird der Kontakt zwischen Anschlussplatte und Deckel (Abb. 3.18b) in weiten Teilen unterbrochen, erkennbar an dem Aufklaffen des Deckels in den grau dargestellten Kontaktbereichen. Die Ursache liegt in der geringen Wandstärke des Deckels in Verbindung mit dem großen Verschraubungsabstand. Umso bemerkenswerter ist es, dass trotz der starken Nichtlinearität das Modell unter Verwendung eines einfachen Kontaktgesetzes mit dem gemessenen Verhalten in Übereinstimmung gebracht werden kann.

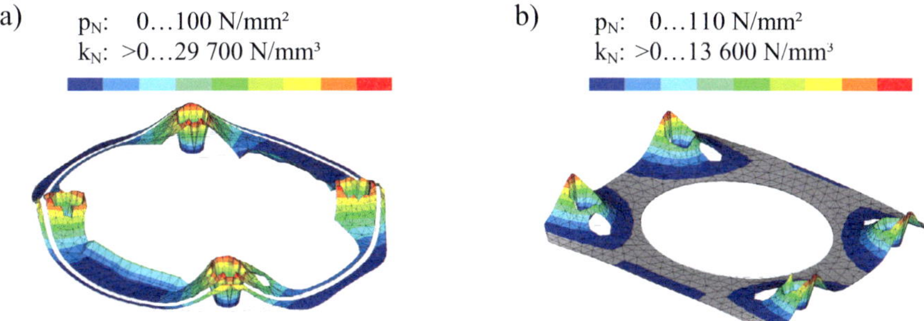

Abb. 3.18: Lokale Flächenpressung und Fügesteifigkeit nach der Modellkorrektur
a) Gehäuse / Anschlussplatte, b) Anschlussplatte / Deckel

Die beiden Fügestellen zeigen sehr anschaulich, dass man bei der Kontaktmodellierung von Bauteilen die Verschraubungssituation berücksichtigen muss. Würde man für die Verbindung von Anschlussplatte und Deckel (Abb. 3.18b) einen flächigen Kontakt mit konstanter Steifigkeit verwenden, könnten sich die realen Schwingformen erst gar nicht ausprägen. Andererseits würde die punktuelle Verbindung lediglich im Bereich der Verschraubung von Gehäuse und Anschlussplatte (Abb. 3.18a) zu falschen Ergebnissen führen.

Weiterhin sei auf die höhere maximale Flächenpressung zwischen Anschlussplatte und Deckel hingewiesen, obwohl die Schraubenvorspannkraft nur etwa halb so groß ist. Dies liegt daran, dass durch die große Verformung des Deckels nur ein kleiner Teil der Oberfläche in Kontakt ist und dadurch lokal erhöhte Spannungen auftreten, vgl. GÖRKE [59]. Auch deckt sich der geringere tangentiale Haftkoeffizient β_0 von Anschlussplatte / Deckel mit dessen Aussagen, wonach die tangentiale Haftkontaktsteifigkeit bei Formfehlern (hier: Verformung des Deckels) nicht mehr linear, sondern degressiv mit der Normalkontaktsteifigkeit ansteigt. Ebenso ist der geringere Wert des Normalkontaktparameters λ dadurch zu erklären, dass bei welligen Oberflächen in weiten Bereichen niedrige Lasten vorliegen, die sich durch eine hohe elastische Rückfederung äußern.

3.4 Modellierung der Randbedingungen

3.4.1 Untersuchung der grundlegenden Einflüsse

Im Allgemeinen haben Randbedingungen einen empfindlichen Einfluss auf die Moden im unteren Frequenzbereich. Bei höheren Eigenfrequenzen ist das Auftreten der Moden meist auf lokale Strukturbereiche begrenzt, so dass dort der Einfluss von Randbedingungen geringer ist, vgl. NATKE [109]. Die Einspannung der Pumpe muss zwar aufgrund der Leistungsdichte sehr steif ausgeführt werden, kann jedoch trotzdem nicht als vollständig starr angesehen werden. Bei der Modellierung dieser Randbedingungen stellt sich grundsätzlich die Frage nach der Systemgrenze, und ob neben der Einspannung auch die Schläuche zu berücksichtigen sind.

In Abb. 3.19 ist der prinzipielle Aufbau des in dieser Arbeit genutzten Geräuschprüfstandes gezeigt. Der Prüfling ist über zwei Flansche mit einem dickwandigen Rohr verschraubt, in welchem die Antriebswelle gelagert ist. Das Rohr ist auf einem separaten Pfahlfundament befestigt und ist damit sowohl vom Antriebsraum, als auch vom Messraum entkoppelt. Der Messraum ist zusätzlich auf Luftfederelementen gelagert, so dass im Messraum ausschließlich der direkte Luftschall ohne Störeinflüsse durch Fremdgeräusche oder Körperschalleinträge nach DIN EN ISO 3745 [37] gemessen werden kann.

Es erscheint offensichtlich, dass für die Simulation der zu untersuchenden Komponente nicht der gesamte Prüfstand mit abgebildet werden kann – zumal fraglich ist, wo genau die Modellgrenze zu ziehen ist. Weiterhin sind die in Kap. 3.3.4 vorgestellten Werkzeuge zur Parameteridentifikation nicht für die hier vorliegenden Randbedingungen geeignet, da die Struktur für eine Messung nur an einzelnen Stellen zugänglich ist. Zunächst soll qualitativ die Sensitivität des Körperschallmaßes bezüglich der einzelnen Randbedingungen, insbesondere der Schläuche und des Befestigungsflansches, identifiziert werden. Hierzu werden am leeren Gehäuse experimentelle Schwingungsanalysen durchgeführt, siehe Abb. 3.20. Als Referenz dient das eingespannte Pumpengehäuse, welches schrittweise um weitere Randbedingungen erweitert wird. In Versuchsschritt zwei werden Hoch- und Niederdruckschlauch hinzugefügt. In einem dritten Schritt wird der Hochdruckschlauch mit einem statischen Druck von 170 bar vorgespannt. Im letzten Versuchsschritt werden die Schläuche wieder entfernt und zwischen Flansch und Gehäuse ein Dämpfungsflansch eingebracht.

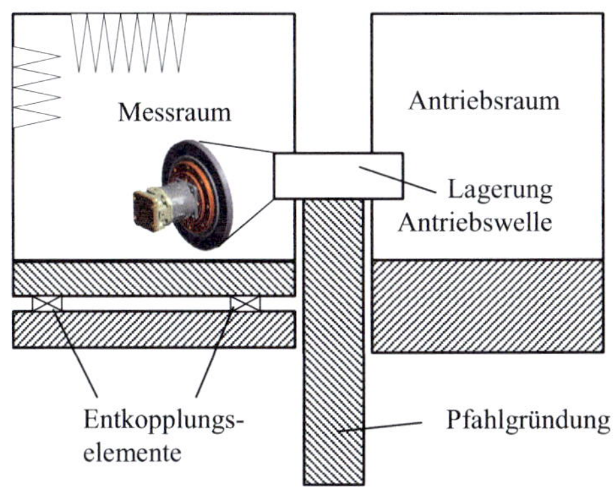

Abb. 3.19: Aufbau des Prüfstands

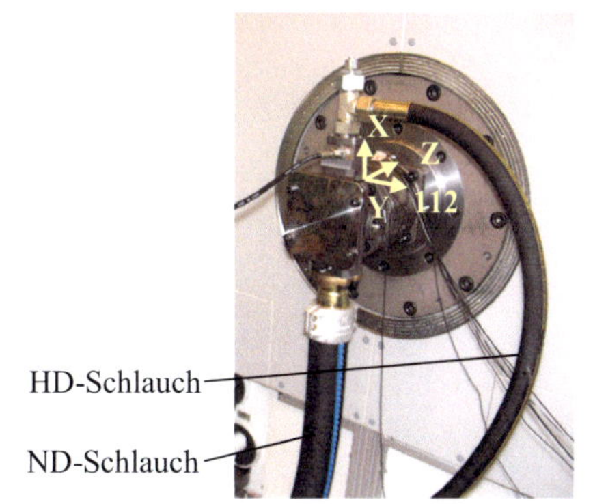

Abb. 3.20: Experimentelle Untersuchung
des leeren Pumpengehäuses
mit Prüfstand und Schläuchen

Als Auswertungsgröße wird das Körperschallmaß nach Gl. (2.32) reziprok ermittelt, indem mit der Roving-Hammer-Methode die Übertragungsfunktionen der Messpunkte auf der Oberfläche zu einem festen Referenz-DOF j gemessen werden, vgl. BITTNER [19]. Die hierfür erforderliche mittlere quadratische Übertragungsadmittanz ergibt sich aus der Mittelung der gemessenen Übertragungsfunktionen:

$$h_{\ddot{U},j}{}^{2}(\Omega) = \frac{1}{n}\sum_{i=1}^{n}\frac{\widetilde{v}_{N,j}{}^{2}(\Omega)}{\widetilde{F}_{i}^{2}(\Omega)} \tag{3.30}$$

Das Körperschallmaß bezogen auf die in Abb. 3.20 angezeigten Referenz-Freiheitsgrade an Messpunkt 112 ist in Abb. 3.21 dargestellt. Zunächst sei auf die Richtungsabhängigkeit des Körperschallmaßes hingewiesen. In den Abb. 3.21a und b beschreibt das Körperschallmaß bezogen auf die Referenz-DOFs in seitlicher x- bzw. y-Richtung vorrangig das (Biege-) Schwingungsverhalten. Es weist in beiden Richtungen einen ähnlichen Verlauf für alle Varianten auf, mit leichten Abweichungen unterhalb von 500 Hz. Das axiale Schwingungsverhalten, ermittelt durch die Referenz in z-Richtung in Abb. 3.21c, zeigt unterhalb 500 Hz geringere Pegel, da die Biegeschwingungen nur in geringerem Maße erfasst werden. Gut sichtbar ist dagegen die ausgeprägte axiale Starrkörperbewegung bei 700 Hz, sowie Schwingungen im Bereich des Deckels um 2000 Hz und 4000 Hz.

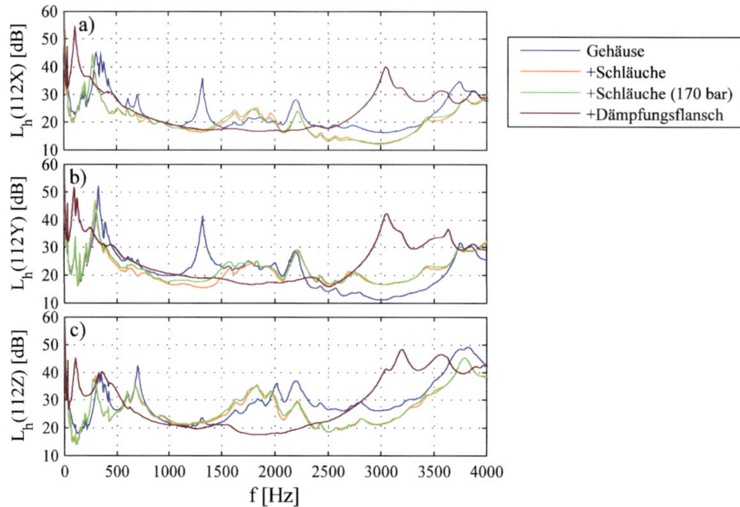

Abb. 3.21: Körperschallmaß des eingespannten Gehäuses bei
unterschiedlichen Randbedingungen;
a)-c): Referenz-DOF in x-, y-, z-Richtung

Die Schläuche wirken festhaltend auf das Gehäuse, indem sie die Amplituden der Biege-schwingungen um 400 Hz und der axialen Bewegung bei 700 Hz reduzieren. Die Biege-schwingung bei 1350 Hz verschwindet sogar komplett. Keinen Einfluss auf das Schwin-gungsverhalten des Gehäuses hat dagegen die statische Vorspannung des Hochdruckschlau-ches mit 170 bar. Es zeigt sich, dass die Druckvorspannung zwar einen versteifenden Ein-fluss auf das Schwingungs- und Übertragungsverhalten des Schlauchs selbst hat (vgl. SENT-PALI [128]), dies jedoch nicht auf die Festhaltung des Gehäuses zurückwirkt.

Der Dämpfungsflansch wird zwischen Prüfstandsflansch und Gehäuse eingefügt, um exemplarisch den Einfluss der Flanschbefestigung auf die Gehäuseschwingungen darzustel-len. Die weichere Festhaltung verschiebt die Resonanzen in Richtung niedrigerer Frequen-zen. Die Biegeschwingung wird von 400 Hz auf 100 Hz reduziert, wobei sich die Amplituden zum Teil deutlich erhöhen. Die axiale Schwingform wird von 700 Hz auf 350 Hz verschoben. Sehr gute Dämpfungseigenschaften ergeben sich im Bereich zwischen 600 und 2500 Hz, darüber hinaus nehmen die Schwingungsamplituden erheblich zu. Das Körperschallmaß zeigt somit sehr anschaulich, in welchen Frequenzbereichen der Dämpfungsflansch wirkt und ob in anderen Bereichen nachteilige Effekte zu erwarten sind. So kann in Abhängigkeit von der

Lage der Anregungsfrequenzen die Wirksamkeit solcher Maßnahmen umfassend beurteilt werden.

Anhand dieser grundsätzlichen Untersuchung erkennt man deutlich den Einfluss der Randbedingungen auf das Schwingungsverhalten. Infolgedessen ist es unbedingt erforderlich, die Pumpenfesthaltung und die Schläuche durch eine geeignete Modellierung zu berücksichtigen. Dagegen kann der versteifende Einfluss der Druckvorspannung auf die Schläuche bei der Betrachtung der Gehäuseschwingung vernachlässigt werden.

Eine Abbildung der Randbedingungen durch Model-Updating-Verfahren (vgl. Kap. 3.3.4) stellt sich als problematisch dar. In erster Linie müsste für den Prüfstand eine Modellierung gefunden werden, die möglichst mit physikalisch motivierten Größen parametriert werden kann und die Modellgröße nicht unverhältnismäßig erhöht. Ein weiteres Problem besteht jedoch darin, dass die modalen Kenngrößen keine eindeutige Zuordnung erlauben. Beispielhaft ist in Abb. 3.22 die MAC-Matrix der extrahierten Moden aus dem untersuchten eingespannten Gehäuse ohne bzw. mit Schläuchen dargestellt. Entgegen der üblichen Diagonalform treten zahlreiche weitere Einträge außerhalb der Diagonalen auf, so dass eine automatisierte Zuordnung der modalen Schwingformen nicht zielführend ist. Dies liegt daran, dass das MAC zwar eine Kollinearität zwischen zwei Schwingformen anzeigt, jedoch keinen Nachweis der Orthogonalität darstellt. In diesem Fall wird durch die Schwingform nur ein kleiner Teil der an der Schwingung beteiligten Struktur beschrieben, und nicht der gesamte Prüfstand einschließlich des Fundaments. Die Zuordnung müsste weitere Kenngrößen wie der Frequenzabstand oder die Masseverteilung berücksichtigen, dabei kann auch eine erweiterte Formulierung Konvergenzschwierigkeiten nicht sicher verhindern.

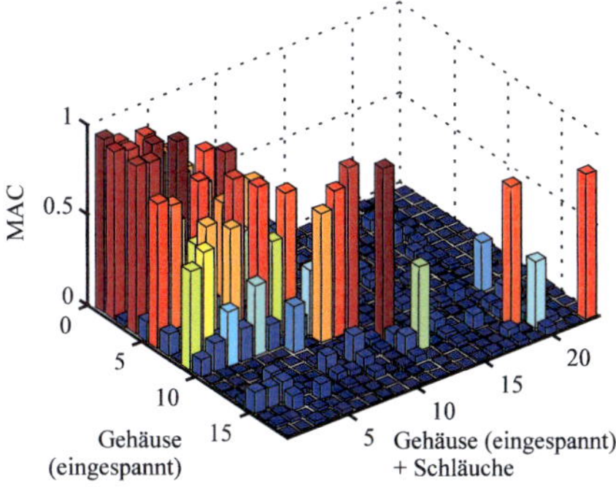

Abb. 3.22: MAC-Matrix des eingespannten Gehäuses ohne bzw. mit Schläuchen

Alternativ zu einer Modellkorrektur kann bei der Verwendung von Schwingungsisolatoren die Einspannung durch Entkoppelelemente modelliert werden, deren Enden mit starren Randbedingungen versehen werden, vgl. MÜLLER [102]. Ist eine solche scharfe Trennung der Systemgrenze nicht möglich, können die Randbedingungen als Punktimpedanz beschrieben werden [67]. Bei Eingangsimpedanzen realer Bauteile ergibt sich je nach Frequenzbereich ein dominierender Masse- oder Federcharakter mit Impedanzeinbrüchen im Resonanzfall. Die beliebige Definition von Impedanzverläufen kann in ANSYS allerdings nur in einer direkten Lösung der harmonischen Analyse berücksichtigt werden, nicht bei einer modalen Superposition.

Eine weitere Möglichkeit ist die Einbindung der Randbedingungen als Substruktur. Substrukturkopplung wird üblicherweise eingesetzt, um komplexe Baugruppen mit sehr vielen Freiheitsgraden wie Flugzeuge, Schiffe oder Kraftfahrzeuge effizient berechnen zu können. Die numerischen Grundlagen für Modellreduktionsverfahren wurden bereits in den 1960er Jahren entwickelt. Die einzelnen Substrukturen werden zunächst separat analysiert und auf die Koppelfreiheitsgrade reduziert. Die Eigenschaften der Gesamtstruktur werden durch eine Kopplung im Frequenzbereich (*FRF based substructuring*) oder durch Kondensation der vereinfachten Matrizen der Komponentenmodelle bestimmt. Je nach Art der Fesselung der Freiheitsgrade bei Analyse der Substrukturen unterscheidet man *Fixed Interface Methods*, *Free Interface Methods* und *Loaded Interface Methods* [27], [53].

Eines der gängigsten Verfahren ist die Substrukturkopplung mit Fixed Interfaces nach CRAIG & BAMPTON [31], welches auch als Component Mode Synthesis bezeichnet wird und heute in vielen FE-Programmen implementiert ist. Der Modalbasis werden weitere Ansatzvektoren aus den Starrkörperbewegungen und der statischen Verschiebung der Kopplungsknoten hinzugefügt, so dass sowohl die dynamischen, als auch die statischen Eigenschaften im reduzierten Modell enthalten sind. Für eine ausführliche Darstellung der Verfahren sei auf Lehrbücher [129], [143] und Übersichtsartikel [18], [79] verwiesen.

Durch die gute Verfügbarkeit in kommerziellen Simulationsprogrammen ist die Substrukturkopplung bei numerischen Untersuchungen weit verbreitet. Generell können die Verfahren auch auf experimentelle Daten angewendet werden, wobei die Massen- und Steifigkeitsmatrizen nur indirekt bestimmt werden können, beispielsweise durch experimentelle Modalanalyse. BRECHLIN [27] koppelt zwei Plattenstreifen und vergleicht in experimentellen und simulativen Untersuchungen drei Kopplungsverfahren miteinander: modale Kopplung mit bzw. ohne Berücksichtigung der residualen Nachgiebigkeit, sowie die Kopplung im Frequenzbereich. Letztere kann zwar exakte Ergebnisse liefern, erfordert jedoch einen hohen Messaufwand und ist sehr anfällig gegen Störungen. Dagegen kann die modale Kopplung nur bedingt exakte Vorhersagen treffen, ist jedoch robuster gegenüber Fehlern und der Messaufwand ist geringer. Die Vorhersagequalität kann durch die Berücksichtigung von Residuen verbessert werden, allerdings steigt dann der Messaufwand sehr stark. Während die Methoden selbst beherrschbar und weitgehend ausgereift sind, hängt die Qualität der Vorhersage maßgeblich von den zugrundeliegenden experimentellen Datensätzen ab.

MOLL [100] wendet die modale Kopplung auf eine Abgasanlage an, die mit einer Fahrzeugkarosserie verbunden wird. MOLL geht dabei ausführlich auf die Schwierigkeiten bei der Verwendung experimenteller Daten ein und stellt Lösungsansätze vor. Die Untersuchungen erfordern im Vergleich zu einer modalen Kopplung auf FE-Basis einen erheblichen Mehraufwand, insbesondere muss auf eine hohe Phasenkollinearität der ermittelten Moden und Berücksichtigung der Starrkörpermoden (*Lower Residuals*) geachtet werden. Die Kopplungsrechnung selbst erweist sich als unproblematisch. Die geforderte Genauigkeit ist allerdings nur bei geringer Dämpfung gegeben.

Vereinzelt [27], [100] wird auf die prinzipielle Möglichkeit hingewiesen, dass sich die Kopplungsmethoden auch auf gemischte Modelle aus Versuchs- und Simulationsdaten übertragen lassen. Hierzu sind nur wenige Anwendungsfälle bekannt [85], allerdings ohne eine detailliertere Beschreibung der Vorgehensweise und möglichen Schwierigkeiten.

Die Substrukturkopplung stellt folglich ein etabliertes Verfahren dar, um modale Ersatzmodelle in einem Gesamtmodell zu berücksichtigen. Viele FE-Programme unterstützen bereits die Substrukturanalyse auf Basis der Craig-Bampton-Methode, indem auf numerischer Basis die einzelnen Komponenten analysiert und deren reduzierte Matrizen zusammengesetzt werden. In der Regel nicht vorgesehen ist dagegen die Einbindung beliebiger externer Daten, beispielsweise aus Messungen. Ein manueller Eingriff in die FE-Berechnung zur Erweiterung der Matrizen ist programmtechnisch nur aufwändig umzusetzen, zumal die Daten in einem herstellerspezifischen Format vorliegen. Infolgedessen wird eine alternative Vorgehensweise entwickelt, indem ein zusätzliches modales Modell der Substruktur in das FE-Modell integriert wird, so dass ein *hybrides* FE-Modell entsteht.

3.4.2 Hybride FE-Modellierung mit Component Mode Synthesis

Führt man am Beispiel des Prüfstandes eine experimentelle Modalanalyse des Befestigungsflansches durch, so sind in dessen modalen Schwingformen auch die Struktureigenschaften des dahinterliegenden Prüfstands enthalten. Um die Prüfstandseigenschaften bei der Schwingungsanalyse der betrachteten Pumpe zu berücksichtigen, wird das modale Modell der Einspannung in das FE-Modell der Pumpe eingefügt.

Eine Struktur kann im modalen Raum durch M entkoppelte Einmassenschwinger beschrieben werden. Die Parameter der Einmassenschwinger ergeben sich durch

$$m_n = 1, \tag{3.31}$$

$$k_n = \omega_n^2 m_n = \omega_n^2, \tag{3.32}$$

$$c_n = 2m_n D_n \omega_n = 2D_n \omega_n. \tag{3.33}$$

Bei FE-Berechnungen werden üblicherweise die Eigenvektoren auf die modale Masse normiert mit

$$\boldsymbol{\Phi}^T \mathbf{M}\, \boldsymbol{\Phi} = \mathbf{I}. \tag{3.34}$$

Wird bei der experimentellen Modalanalyse die Eingangsadmittanz des Referenzfreiheitsgrads mitgemessen (*Driving Point Measurement*), so ist auch hier die Skalierung der Mode Shapes auf die modale Masse möglich (*Unified to Modal Mass, UMM*), vgl. Gl. (2.23). Mit den massenskalierten Eigenvektoren lassen sich die modalen Koordinaten q_n zu den gemessenen Freiheitsgraden u_i expandieren:

$$\mathbf{u} = \boldsymbol{\Phi}\, \mathbf{q} \tag{3.35}$$

Die Expansion nach (3.35) stellt eine Linearkombination von Knotenverschiebungen mit konstanten Faktoren $\phi_{n,i}$ dar, welche in ANSYS mit Hilfe von *Constrained Equations* (*CE*) umgesetzt werden kann:

$$u_i = \phi_{1,i} q_1 + \phi_{2,i} q_2 + \phi_{3,i} q_3 + \ldots + \phi_{M,i} q_M \tag{3.36}$$

Somit lässt sich das modale Modell des Prüfstands mit verfügbaren FE-Elementen darstellen und direkt in den Zustandsraum expandieren, wie schematisch in Abb. 3.23 dargestellt. Die gemeinsame Darstellung von Modal- und Zustandsraum in einem FE-Modell kann daher als *hybride Modellierung* bezeichnet werden.

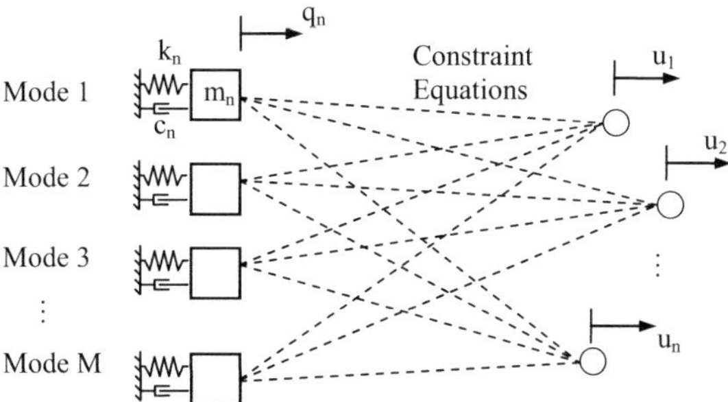

Abb. 3.23: Hybride Modellierung des CMS-Modells mit Einmassenschwingern

3.4.3 Experimentelle Modalanalyse der Randbedingungen

Wie bereits aus den Untersuchungen von BRECHLIN [27] und MOLL [100] bekannt, hängt die Qualität der Abbildung unmittelbar von der Genauigkeit und Vollständigkeit der Messung ab. Dies gilt sowohl für die erfassten Freiheitsgrade als auch die ermittelten Moden. Ebenso kann die Vernachlässigung von Moden außerhalb des interessierenden Frequenzbereichs zu Fehlern führen. Dieser kann zwar durch Auswertung sogenannter Residuen der vernachlässigten Moden verringert werden, erfordert jedoch eine sehr hohe Messgenauigkeit, welche im Falle der Prüfstandseinspannung und der Schläuche aufgrund der schwierigen Struktureigenschaften (Prüfstand: sehr geringe Nachgiebigkeit, Schläuche: hohe Dämpfung) nicht in zufriedenstellender Qualität erreicht wird. Daher werden lediglich die Moden extrahiert und verwendet.

Aufgrund des weiten Frequenzbereiches ist es erforderlich, die Modalanalyse des Prüfstands in mehrere Abschnitte aufzuteilen. Für den unteren Frequenzbereich wird der Prüfstand raumschräg durch einen Modalshaker mit einem Sinussweep von 50 bis 800 Hz angeregt (Abb. 3.24a). Nicht dargestellt ist eine zweite Messung mit raumschräger Anordnung des Shakers in horizontaler Ebene. Wie bei Shaker-Messungen üblich, wird die Roving-Sensor-Methode angewendet. Aufgrund von Resonanzen der krafteinleitenden Schubstange muss oberhalb von 800 Hz auf die Impulshammermethode zurückgegriffen werden. Die Impulshammermessung beschränkt sich auf den Befestigungsflansch (Abb. 3.24b), da die Basisstruktur selbst so massiv ist, dass mit dem zur Verfügung stehenden Hammer kein ausreichender Energieeintrag möglich ist. Die aus den beiden Modalanalysen identifizierten UMM-Mode-Shapes werden anschließend zu einem gesamten modalen Modell zusammengefügt. Die Darstellung einiger exemplarischer Schwingformen sind in Anhang A abgebildet.

Für die Schlauch-Randbedingungen werden diese prüfstandsseitig fixiert und auf der Pumpenseite durch weichelastische Gummibänder so im Raum positioniert, wie es der Betriebssituation entspricht, siehe Abb. 3.24c. Die Anregung erfolgt mit einem Impulshammer.

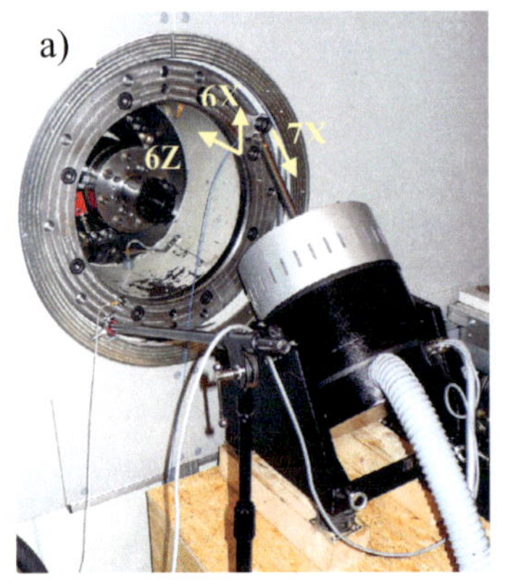

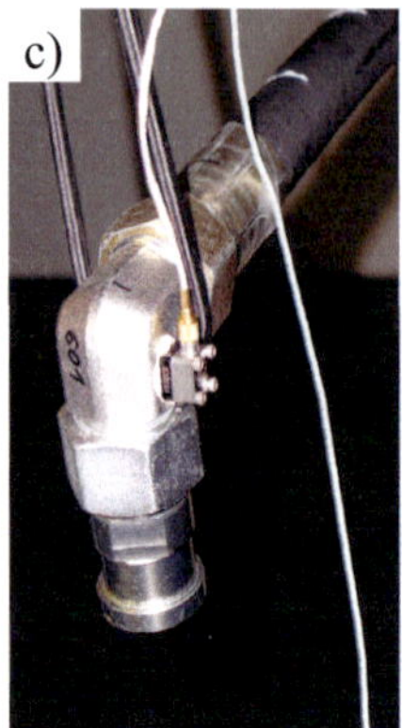

Abb. 3.24: Experimentelle Modalanalyse der Randbedingungen
a) Prüfstand (Basisstruktur) mit Modalshaker-Anregung
b) Prüfstand (Befestigungsflansche) mit Impulshammer-Anregung
c) HD-Schlauch mit Impulshammer-Anregung

Da die meisten FE-Codes mit reellen Moden arbeiten, müssen die komplexen Moden normiert werden. Hierzu werden diese mit ihrer jeweils vorherrschenden Phasenlage in Richtung der reellen Achse gedreht, wie exemplarisch in den Komplexitätsplots in Abb. 3.25 gezeigt. In Einzelfällen ist es notwendig, die Phase von einzelnen Messpunkten vor der automatisierten Phasenkorrektur manuell anzupassen. Dies betrifft vorwiegend Punkte im Bereich des Referenzsensors, die offensichtlich nicht der Phasenlage der Schwingform entsprechen. Die CMS-Substruktur verwendet anschließend den Realteil der Eigenvektoren weiter.

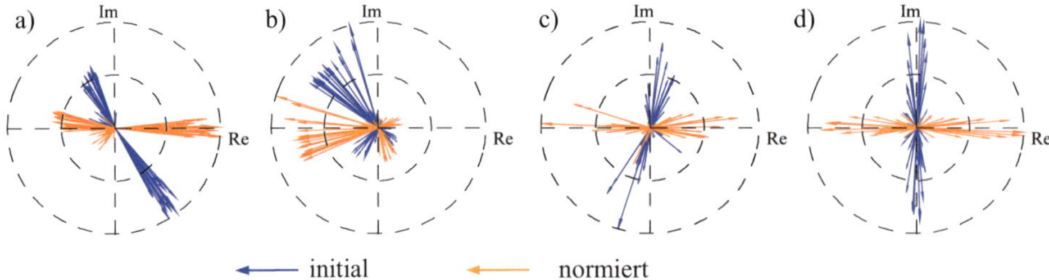

Abb. 3.25: Normierung von komplexen Mode Shapes am Beispiel des Prüfstands:
a) Mode 1 / 50 Hz, b) Mode 8 / 210 Hz, c) Mode 15 / 715 Hz,
d) Mode 20 / 1580 Hz

3.4.4 Validierung des Hybrid-Modells

Die Basisstruktur des Prüfstands stellt im Wesentlichen ein dickwandiges, steifes Rohr dar, daher können an dessen Rand keine Rotationsbewegungen beobachtet werden. Es genügt die Nachbildung der Struktur als einfacher Kreisring mit gelenkig verbundenen Segmenten, siehe Abb. 3.26c. Die Kopplung der expandierten Knoten an die FE-Strukturelemente erfolgt mittels MPC-Kontakt über mehrere Knoten der Ringstruktur, um eine lokale Verzerrung der Elemente zu vermeiden.

Die Übereinstimmung der Modellierung ist anhand der FRF in Abb. 3.26a und b erkennbar. Sowohl die modale Synthese unter Verwendung der komplexen Moden direkt in ME'scope, als auch das hybride FE-Modell, welches nur die Realteile der normalisierten Moden enthält, können die direkt gemessenen FRFs im gesamten Frequenzbereich sehr gut abbilden. Bedingt durch das verwendete Verfahren wird das Schwingungsverhalten zwischen den Resonanzstellen nur mit eingeschränkter Genauigkeit wiedergegeben. Ferner ist erkennbar, dass die Basisstruktur in axialer Richtung sehr steif ist (Abb. 3.26b), während diese in radialer Richtung deutlich mehr Bewegung zulässt (Abb. 3.26a). Im unteren Frequenzbereich herrschen überwiegend Starrkörperbewegungen vor, während oberhalb 600 Hz eine Ovalisierung des Bauteilrandes zu beobachten ist (vgl. Abb. A.6).

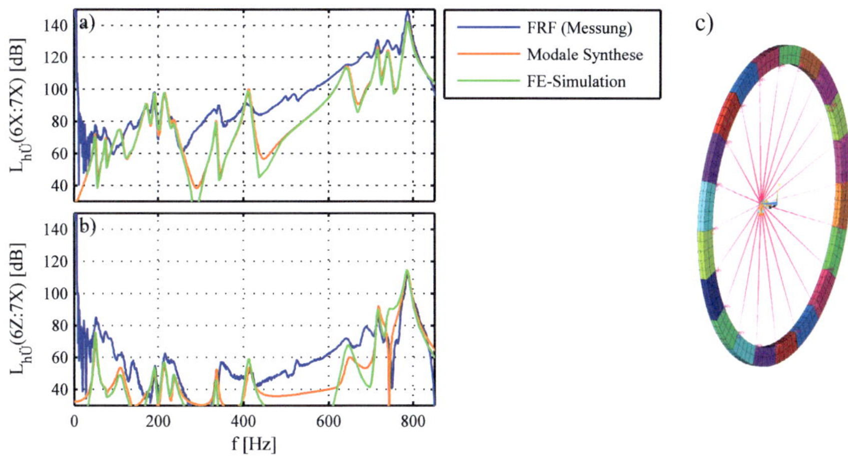

Abb. 3.26: Prüfstand (Basisstruktur)
Gegenüberstellung der FRF aus Messung, Modaler Synthese, FE-Simulation
a) Einzelpunkt-FRF (radial), b) Einzelpunkt-FRF (axial), c) FE-Modell

Ab 1 kHz treten zunehmend Plattenschwingungen der Befestigungsflansche (Abb. 3.27) mit Bewegungen in axialer Richtung auf. Diese enthalten an den Messpunkten, in denen das CMS-Modell der Basisstruktur mit dem Basisflansch verbunden ist, rotatorische Bewegungsanteile. Aufgrund der Problematik bei der Anregung und Messung rotatorischer Freiheitsgrade wird der Basisflansch mit weiteren Messpunkten verbunden, welche in einem inneren und äußeren Ring angeordnet sind. Die Rotationsbewegung des Randes zur Abbildung der Plattenschwingungen ergibt sich dann durch die unterschiedliche Translation von inneren und äußeren Punkten. Die Starrkörperschwingungen aus Abb. 3.26, welche bis 800 Hz mit nur einem Ring an Messpunkten erfasst wurden, werden für das erweiterte Modell auf beide Ringe expandiert. Die zuvor beschriebene Ovalisierung der Basisstruktur um 700 Hz in radialer Richtung wird durch die Kopplung mit dem Befestigungsflansch komplett unterbunden.

Wie zu erwarten, ergibt sich für die synthetisierten FRF aus den extrahierten Moden der Modalanalyse eine akzeptable Übereinstimmung. Dabei werden die Bewegungen in axialer Richtung aufgrund des höheren Dynamikumfangs besser wiedergegeben als in radialer Richtung. Bei den Ergebnissen der FE-Simulation ist zu beachten, dass die Befestigungsflansche bereits in den höherfrequenten Moden des CMS-Modells oberhalb 1 kHz mitgemessen wurden (Abb. 3.24b), und ein weiteres Mal im FE-Modell enthalten sind. Trotz dieser doppelten Abbildung ergibt sich eine gute Übereinstimmung der simulierten und direkt gemessenen FRF bis 2 kHz. Oberhalb 2 kHz weist das hybride FE-Modell höhere Amplituden als die Messung auf. Einerseits handelt es sich dabei um lokale Plattenschwingungen, welche nur bedingt von der Randbedingung beeinflusst werden, andererseits können auch Messungenauigkeiten aufgrund der geringen Energiedichte der Impulshammeranregung nicht gänzlich ausgeschlossen werden.

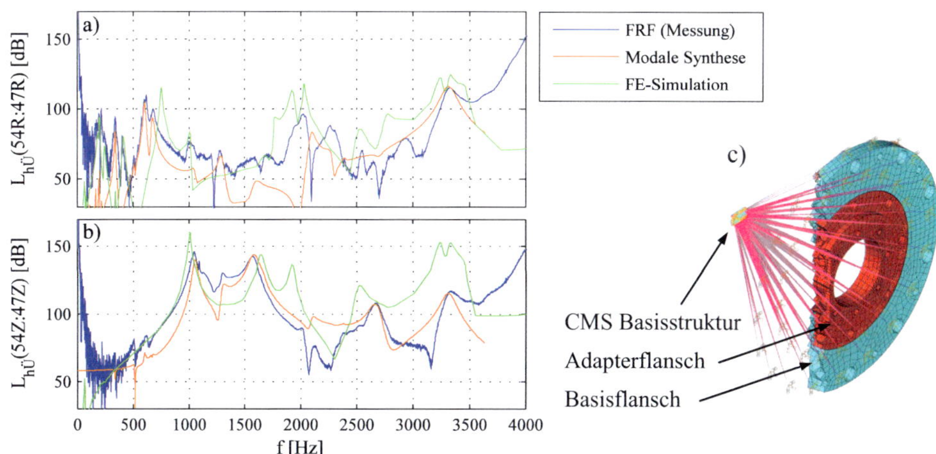

Abb. 3.27: Prüfstand mit Basis- und Adapterflansch:
Gegenüberstellung der FRF aus Messung, Modaler Synthese, FE-Simulation
a) Einzelpunkt-FRF (radial), b) Einzelpunkt-FRF (axial), c) FE-Modell

Dagegen passt das Schwingungsverhalten des FE-Modells für die eingespannte leere Gehäusebaugruppe qualitativ wiederum sehr gut zu den Messungen, wie anhand des in Abb. 3.28 dargestellten Körperschallmaßes zu erkennen ist. Sowohl die Richtungsabhängigkeit in Bezug auf den Referenz-DOF, als auch alle wesentlichen Resonanzstellen finden sich in der FE-Simulation wieder. Lediglich eine leichte Tendenz zur Verschiebung der Moden in Richtung höherer Frequenzen ist zu beobachten, deren Ursache in der doppelten Abbildung des Befestigungsflansches zu vermuten ist. Die in Abb. 3.27 unzulänglich abgebildeten lokalen Plattenschwingungen oberhalb von 2 kHz werden in ihrer Ausprägung durch die zusätzliche Strukturkopplung mit der Gehäusebaugruppe behindert, so dass nun die Messung auch bis 4 kHz eine sehr gute Übereinstimmung mit der Simulation zeigt.

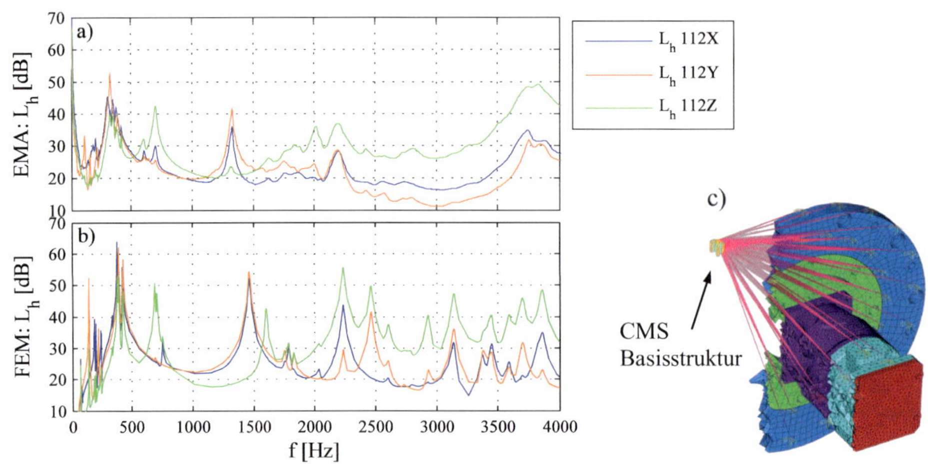

Abb. 3.28: Prüfstand mit Gehäuse: Körperschallmaß mit x-, y-, z-Referenz
a) Messung, b) FE-Simulation, c) FE-Modell

Im nächsten Schritt werden der leeren Gehäusebaugruppe Hoch- und Niederdruckschlauch hinzugefügt. Das zugehörige Körperschallmaß von Messung und Simulation stellt Abb. 3.29 gegenüber. Die Auslöschung der Biegemode bei 1300 Hz (FE: 1500 Hz) sowie die Reduktion der axialen Schwingform bei 700 Hz durch die Schläuche wird auch in der Simulation gut wiedergegeben. Dennoch treten an verschiedenen Stellen Abweichungen auf, für deren Ursachen mehrere Gründe aufzuzählen sind. Zunächst erhöhen die Schläuche die Strukturdämpfung, so dass in der Messung nicht alle Resonanzen mit der Genauigkeit der FE-Simulation aufgelöst werden können. Die Ersatzmodelle der Schläuche enthalten lediglich die Translationsbewegungen in einem Punkt und können Rotationseinflüsse nicht wiedergegeben. Weiterhin wurden die Schläuche an weichelastischen Gummiseilen im Raum fixiert, deren Beeinflussung der Messung man nicht vollständig ausschließen kann. Schließlich bestehen die Schläuche aus einem stark dämpfenden Verbundwerkstoff mit mehreren Drahtgeflechtlagen, so dass das linearisierte, modale Modell die tatsächlichen Struktureigenschaften nicht im erforderlichen Umfang wiedergeben kann.

Gleichwohl bildet das Simulationsmodell die Realität auch mit einem bedingt genauen Schlauchmodell besser ab als unter Vernachlässigung der Schläuche. Dies führt bei der Beurteilung der Modellqualität zu dem Schluss, dass zwar für eine absolute Vorhersage noch keine ausreichende Genauigkeit erreicht ist. Dennoch kann mit dem vorliegenden Modell das reale Verhalten erklärt, Varianten relativ zu einander bewertet und das Verständnis für das dynamische Verhalten entwickelt werden.

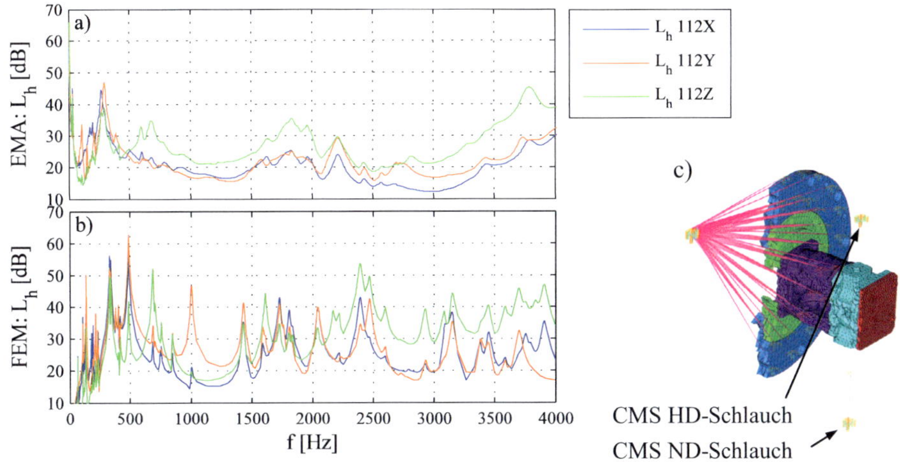

Abb. 3.29: Prüfstand mit Gehäuse und Schläuchen:
Körperschallmaß mit x-, y-, z-Referenz
a) Messung, b) FE-Simulation, c) FE-Modell

Für eine weiterführende Modellverbesserung wäre es denkbar, die modalen Substrukturdaten vor der Einbindung in das Simulationsmodell zu regularisieren, oder eine Korrektur der CMS-Daten auf Basis der Gegenüberstellung von Versuchs- und Simulationsergebnissen der gekoppelten Struktur durchzuführen. Diese Ansätze wurden im Rahmen der vorliegenden Arbeit nicht weiter vertieft, bieten aber Anknüpfungspunkte für weitere Untersuchungen. Insgesamt bestätigen sich die Schlussfolgerungen von BRECHLIN [27] und MOLL [100], welche die Kopplungsrechnung selbst als beherrschbar ansehen, deren Genauigkeit allerdings stark von der Exaktheit der Messung abhängt.

4 Geräuschsimulation

Mit Hilfe des Berechnungsmodells auf Basis der separat validierten, physikalischen Teilmodelle kann nun das Schwingungsverhalten der Axialkolbeneinheit im Betrieb ermittelt werden. Die folgenden Abschnitte gehen auf den Berechnungsablauf sowie dessen Ergebnisse ein. Anschließend werden diese Versuchsdaten gegenübergestellt, die mit Hilfe der akustischen Nahfeldholografie gemessen werden.

4.1 Ablauf und Ergebnisse

Der Ablauf zur Berechnung der Körperschallleistung ist in Abb. 4.1 dargestellt. Zunächst wird die statische Prestress-Analyse zur Bestimmung der Kontaktverhältnisse in der Fügestelle durchgeführt.

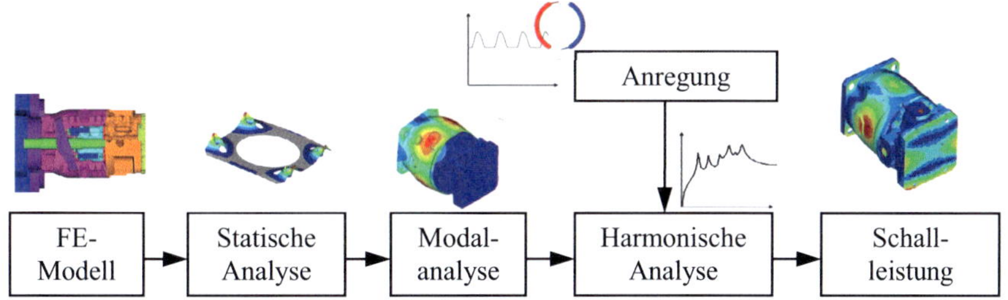

Abb. 4.1:   Ablauf der Geräuschsimulation

Die Modalanalyse wird mit dem Eigensolver QRDAMP durchgeführt, siehe hierzu auch [69], [70], [129], [5]. Dieser löst zunächst ein ungedämpftes Eigenwertproblem mit dem Block-Lanczos-Verfahren. Mit Hilfe der ungedämpften Eigenvektoren werden im modalen Unterraum die Eigenfrequenzen und Dämpfungen des gedämpften Systems ermittelt. Das Verfahren eignet sich für schwach bis mäßig bedämpfte Systeme, in denen die Eigenformen durch die Dämpfung nur unwesentlich beeinflusst werden. Durch die Berechnung der modalen Dämpfungen im modalen Unterraum erfordert das QRDamp-Verfahren nur einen geringen Mehraufwand gegenüber dem ungedämpften Block-Lanczos-Eigensolver. Mit der Transformation der Dämpfungsmatrix in den modalen Raum kann u.a. die nichtproportionale, viskose Dämpfung der lokalen Dämpfungselemente (COMBIN14) oder der CMS-Substrukturen in der modalen Dämpfung einer nachfolgenden harmonischen Analyse mit modaler Superposition berücksichtigt werden. Abb. 4.2 zeigt die berechneten modalen Dämpfungen. Zur Berücksichtigung der nicht modellierten Dämpfungsmechanismen wie Material- oder Fügestellendämpfung wird zusätzlich eine globale Dämpfung von $D_{glob} = 0{,}5\%$ angesetzt, welche aus den Ergebnissen der frei-frei-Modalanalysen der Einzelteile und Baugruppen abgeschätzt wird.

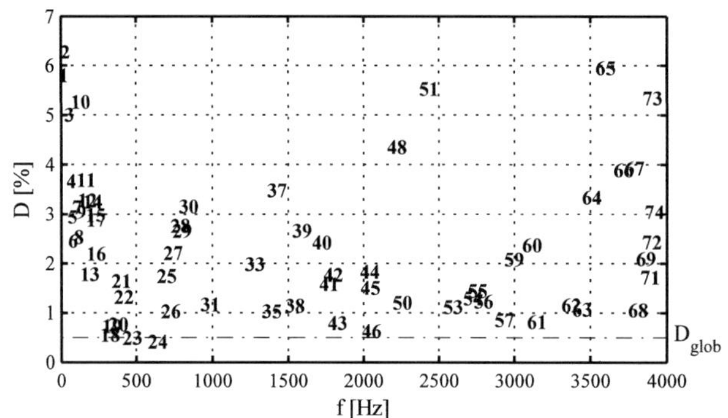

Abb. 4.2:   Berechnete Modale Dämpfungen für das Gesamtmodell

Die Harmonische Analyse berechnet das Antwortverhalten bei Anregung der Struktur mit den in Abb. 3.5d-f gezeigten Frequenzspektren. Aufgrund der Anregung durch drei Einzelanregungen ergeben sich drei Einzelschallleistungen für $F_{z,ges}$, $M_{x,ges}$ und $M_{y,ges}$ aus der Summe der Anregungsspektren und der entsprechenden Körperschallmaße, vgl. Abb. 2.2. Die Gesamtschallleistung bestimmt sich aus der energetischen Addition der Einzelschallleistungspegel

$$L_{W,ges} = 10 \cdot \lg \sum 10^{\frac{L_{W,i}}{10}} . \tag{4.1}$$

Das Ergebnis der energetischen Pegeladdition ist in Abb. 4.3 zu sehen. Man erkennt die Dominanz der Anregung durch $F_{z,ges}$ im gesamten Frequenzbereich. Während das Moment $M_{y,ges}$ nur eine untergeordnete Rolle spielt, trägt das Moment $M_{x,ges}$ lediglich im Bereich der Biegeschwingungen (300-500 Hz, 1500 Hz) zum Gesamtschallleistungspegel $L_{W,ges}$ bei.

Eine weitere Kurve zeigt die berechnete Gesamtschallleistung bei gleichzeitiger Aufbringung der drei Anregungen als komplexe Größen. Die Werte zwischen den Kolbenfrequenzen der Einhüllenden wurden dabei getrennt nach Amplitude und Phase interpoliert, um Auslöschungseffekte bei der Approximation von Real- bzw. Imaginärteil zu vermeiden. Man erkennt eine sehr gute Übereinstimmung der beiden Gesamtschallleistungsspektren. Da die Schallleistung auf Basis der drei komplexen Anregungsspektren innerhalb einer einzigen

Harmonischen Analyse bestimmt werden kann, beziehen sich die weiteren Ausführungen in dieser Arbeit auf diese effizientere Vorgehensweise. Auch bietet sich diese Berechnungsweise gerade für die iterative Optimierung an, da hierbei eine Vielzahl an Funktionsaufrufen erforderlich ist.

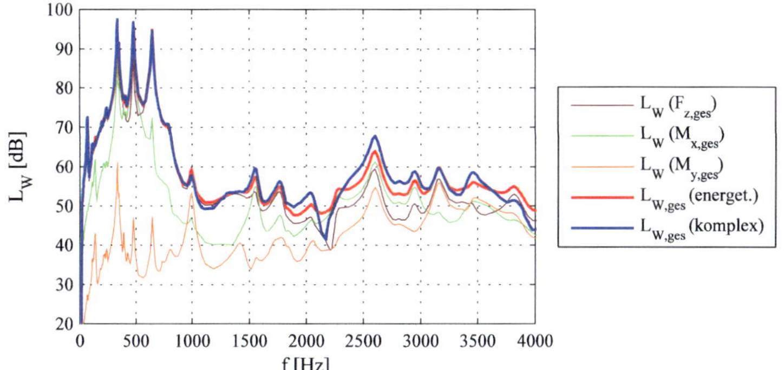

Abb. 4.3: Spektrum der Gesamtschallleistung aus energetischer Addition der Einzelschallleistungen $F_{z,ges}$, $M_{x,ges}$, $M_{y,ges}$, sowie Gesamtschallleistung bei direkter Aufbringung der drei komplexen Einzelanregungen, $\sigma = 1$

In der gezeigten Schallleistung sind der Abstrahlgrad sowie die A-Bewertung nicht berücksichtigt, daher sind die höheren Frequenzanteile in Bezug auf das menschliche Geräuschempfinden im Fernfeld tendenziell untergewichtet. Für eine relative Bewertung von Schallminderungsmaßnahmen oder die Validierung des Berechnungsmodells ist die gezeigte Darstellung dagegen völlig ausreichend.

4.2 Gegenüberstellung mit Betriebsmessungen

Für die Validierung des Berechnungsmodells wird eine Messung mit akustischer Nahfeldholographie durchgeführt. Das Verfahren beruht auf der Erfassung des Schalldrucks in unmittelbarer Nähe der Oberfläche und kann mit Hilfe der HELS-Berechnungsmethode (*Helmholtz Equation Least Squares*) die Schnelle der Gehäuseoberfläche rekonstruieren, vgl. [13]. Die Messung wird in zwei Schritten mit etwa 50 Mikrofonen durchgeführt, die nacheinander vor den zugänglichen Bereichen des Gehäuses und des Deckels angebracht werden (Abb. 4.4). Der Abstand zwischen den Mikrofonen wird anhand der Kriterien für die Rekonstruktion bis zu einem Frequenzbereich von 2 kHz festgelegt. Die schallreflektierenden Wände und schallabstrahlenden Schläuche werden mit dämmenden Materialien abgedeckt, um eine gute Messqualität sicherzustellen. Durch das berührungslose Verfahren kann eine Übersteuerung der Sensoren verhindert werden, wie es bei der Verwendung von Beschleunigungssensoren für Betriebsmessungen mitunter zu beobachten ist. Zudem kann die schwer zugängliche, gekrümmte Gehäuseoberfläche in einem Durchgang vermessen werden, was bei einem Einsatz der Laservibrometrie nur bedingt möglich ist.

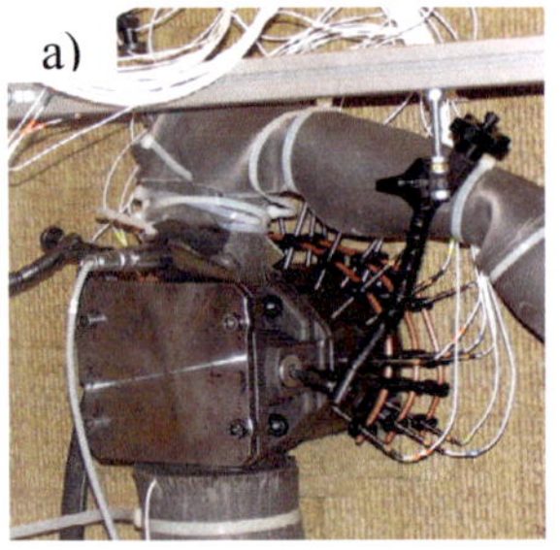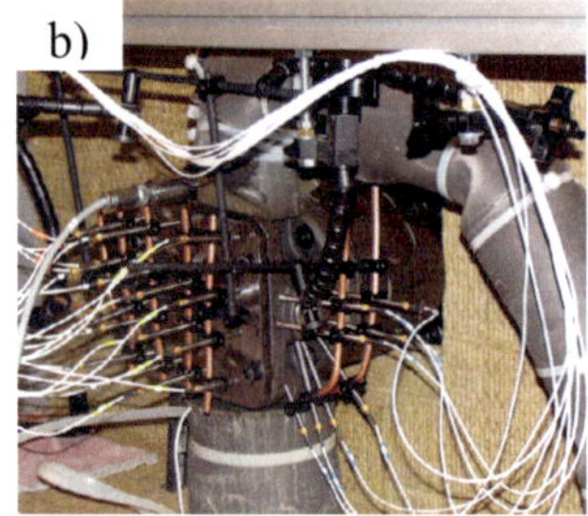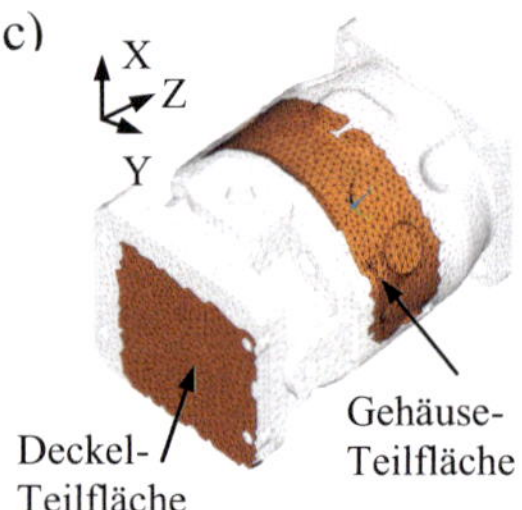

Abb. 4.4:   Erfassung der Oberflächenschwingung
a) Akustische Nahfeldholographie der Gehäuse-Teilfläche
b) Akustische Nahfeldholographie der Deckel-Teilfläche
c) entsprechende Teilflächen des FE-Modells

Zur Gegenüberstellung von Messung und Simulation wird der über die Teilfläche gemittelte Schnellepegel L_v in Normalenrichtung herangezogen. Dieser ist unabhängig von der Größe der Oberfläche, so dass ggf. kleinere Abweichungen bei der Zuordnung der Messpunkte bzw. -flächen nicht in die Ergebnisgröße eingehen. Abb. 4.5a bzw. d zeigt zunächst einen Drehzahlhochlauf des mittleren Schnellepegels für die Gehäuse- bzw. Deckelteilfläche als Campbell-Plot. Deutlich sind als schräg verlaufende Linien die Kolbenfrequenz und deren Vielfache zu erkennen. Etwas schwächer sind die vertikal verlaufenden Resonanzbänder ausgeprägt, welche auch außerhalb der Kolbenfrequenz durch breitbandige Anregungen hervorgerufen werden, beispielsweise durch Stöße in den Kontaktstellen. Darunter sind in Abb. 4.5b und e die Ordnungen 1 bis 4 der Kolbenfrequenz aus der Messung dargestellt. Insbesondere beim Gehäuse ist zu erkennen, dass es zu einem Anstieg des Schnellepegels kommt, wenn die Ordnung auf ein Resonanzband trifft. Ebenso treten beim Deckel ausgeprägten Resonanzerscheinungen auf, die den Schnellepegel des Gehäuses zumeist übertreffen.

Im Hochlaufdiagramm des Deckels (Abb. 4.5d) sind im Frequenzbereich bis 600 Hz die Resonanzbänder geringer ausgeprägt als bei dem Gehäuse. Dies liegt daran, dass bei den vorherrschenden Biegeschwingungen um die Festhaltung der Deckel nur geringe Bewegungsanteile in Normalenrichtung erfährt. Allerdings kommt es durch die axialen Triebwerkskräfte zu einer erzwungenen Erregung des Deckels. Dabei ist bemerkenswert, dass die Ordnungspegel des Deckels dem Verlauf des Gehäuses im Wesentlichen folgen. Obwohl der Deckel an den Biege-Eigenschwingungen nicht teilnimmt, ist durch die erzwungene Schwingung des Deckels ein Energieaustausch mit den Biegeschwingungen zu beobachten, so dass auch in den Ordnungslinien des Deckels ausgeprägte Resonanzeffekte zu beobachten sind. Weitere Resonanzbänder sind im Campbell-Plot des Deckels bei 700 Hz, um 1050 Hz sowie ein ausgedehntes Gebiet oberhalb von 1500 Hz erkennbar. In diesem Bereich ist der Schnellepegel des Deckels generell größer als der des Gehäuses. Da der Deckel nicht im Kraftfluss liegt, handelt es sich um eine fußpunkt- bzw. geschwindigkeitserregte Schwingung.

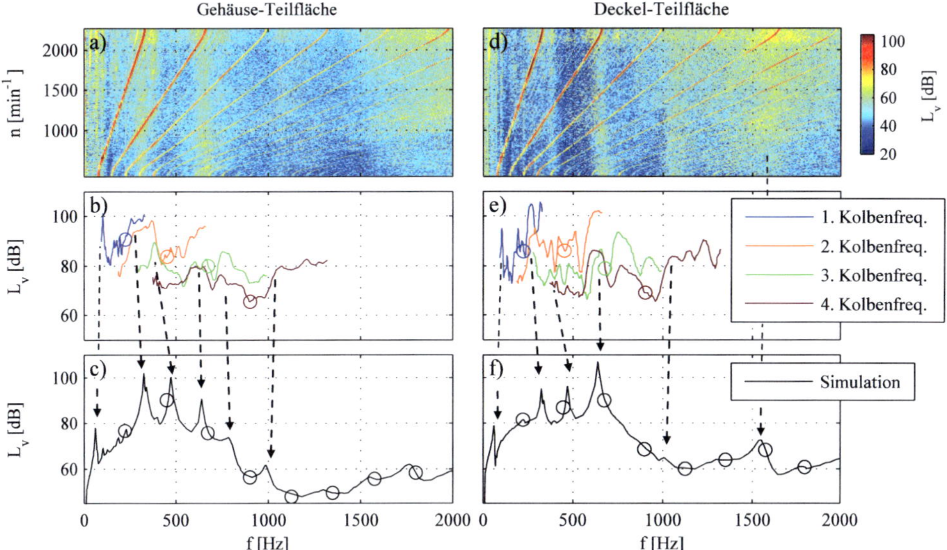

Abb. 4.5:   Vergleich Messung und Simulation für Gehäuse (links) und Deckel (rechts)
a, d) mittlere Schnelle als Drehzahlhochlauf
b, e) mittlere Schnelle der 1.-4. Kolbenordnung; $\circ \hateq f_K(1500\ \text{min}^{-1})$
c, f) mittlere Schnelle aus FE-Simulation; $\circ \hateq f_K(1500\ \text{min}^{-1})$

Das berechnete Ergebnis des Schnellepegels für die entsprechenden Teilflächen ist in Abb. 4.5c und f dargestellt. Da die Berechnung unter Verwendung der Einhüllenden des Anregungsspektrums in einem stationären Betriebspunkt durchgeführt wird, ergibt sich ein stetiger Kurvenverlauf für das Schnellespektrum. Man erkennt eine sehr gute Übereinstimmung aller wesentlichen Schwingungsmoden. Die Pfeile kennzeichnen die Zuordnung der charakteristischen Resonanzstellen, wobei die Frequenzlage nur geringfügig abweicht. Während im

Bereich bis 500 Hz Biegeschwingungen überwiegen und somit die Abstrahlung über das Gehäuse vorherrscht, dominiert oberhalb von 500 Hz der Schnellepegel des Deckels sowohl in der Messung, als auch in der Simulation. Dies bestätigt sich insbesondere in der axialen Starrkörperschwingung bei 700 Hz, sowie im Bereich der lokalen Deckelschwingung um 1500 Hz. Die Übereinstimmung der Betriebsschwingformen ist in Anlage A, Abb. A.9 erkennbar.

Der Simulation liegt eine Drehzahl von $n = 1500\,\mathrm{min}^{-1}$ zugrunde. Die entsprechenden Pegel der Kolbenfrequenzen sind in der Abbildung durch Kreise gekennzeichnet. Bei der quantitativen Gegenüberstellung liegen die Schwingungsamplituden im betrachteten Betriebspunkt von Messung und Simulation bis 700 Hz in derselben Größenordnung. Im darüberliegenden Frequenzbereich werden die berechneten Amplituden für beide Teilflächen zu gering angesetzt. Die Abweichungen der Pegel sind mutmaßlich folgenden Ursachen geschuldet:

- Der Simulation im Frequenzbereich liegt die Anregung aus einem idealen Verlauf der Druckwechselkräfte im Triebwerk zugrunde, ohne dabei höherfrequente Effekte zu berücksichtigen. Auch andere transiente Vorgänge, wie beispielsweise mechanische bzw. hydraulische Stöße, werden in dem Modell vernachlässigt und führen zu einer Unterbewertung im höheren Frequenzbereich, insbesondere bei zunehmender Drehzahl. Auch sind die Einflüsse aus der Hochdruckpulsation nicht in dem Modell berücksichtigt.

- Die Vereinfachung der zahlreichen Kontakt- und Fügestellen, sowie der geschmierten Koppelstellen. Deren nichtlineare Eigenschaften mit unterschiedlichen physikalischen Wirkmechanismen werden noch nicht umfassend darstellt.

- Weiterhin muss man auf die Modellierung der Schläuche hinweisen, deren nichtlineare Materialeigenschaften nur bedingt in dem linearen CMS-Modell berücksichtigt werden.

- Die fehlende Abbildung der Ölfüllung kann zusätzliche Schwingungen auf das Gehäuse übertragen oder durch die Pulsation des Gehäusedrucks eine weitere Anregungsquelle darstellen. Gleichwohl wirkt die zusätzliche Masse auch dämpfend.

Die Gegenüberstellung der Messung mit dem Simulationsergebnis zeigt, dass das FE-Modell die wesentlichen Merkmale des gemessenen Schwingungsverhaltens abbilden und erklären kann. Eine quantitative Vorhersage der Geräuschkennwerte im gesamten Frequenzbereich ist aufgrund der komplexen, vielfach nichtlinearen Zusammenhänge innerhalb der Struktur mit dem linearisierten Modell nur bedingt möglich. Jedoch können durch die Validierung des strukturakustischen Verhaltens die dynamischen Vorgänge besser verstanden werden und relative Aussagen zu Veränderungen bei Strukturmodifikationen oder Vergleich von Gehäusevarianten getroffen werden. Daher stellt es eine gute Basis dar, um unter Verwendung eines iterativen Optimierungsverfahrens das Schwingungsverhalten des Gehäuses zu verbessern.

5 Topologieoptimierung

Dieser Abschnitt gibt zunächst einen Überblick zu der üblichen Vorgehensweise bei der Topologieoptimierung von Bauteilen. Anschließend wird die Zielfunktion für die Schallabstrahlung einer schwingenden Oberfläche und deren Sensitivität hergeleitet. Die Anwendung der Topologieoptimierung erfolgt an einer einfachen Kastenstruktur hinsichtlich verschiedener Zielfunktionen. Die resultierenden Ergebnisgeometrien werden anhand ihrer strukturakustischen Eigenschaften gegenübergestellt und diskutiert. Der Vergleichstest zeigt einerseits das Potential der strukturakustischen Topologieoptimierung gegenüber anderen Zielfunktionen auf. Andererseits sind an dem akademischen Beispiel numerische Versuchsreihen möglich, die Hinweise auf eine probate Optimierungsstrategie und geeignete Parametrisierung des Optimierungsproblems im Hinblick auf die praktische Anwendung geben.

5.1 Einführung

Die Topologieoptimierung gehört neben der Gestalt- und Sickenoptimierung zu den parameterfreien Verfahren. Der Anwender definiert lediglich einen Designbereich innerhalb des FE-Netzes, der für die Optimierung in Form interner Designvariablen zugänglich gemacht wird. Durch die sehr große Anzahl an Designvariablen können neue Konzeptideen für die Materialverteilung entstehen, wobei laufzeitbedingt Einschränkungen bezüglich verwendbarer Optimierungsalgorithmen und möglicher Zielfunktionen gemacht werden müssen. Um den Optimierungsaufwand zu verringern, basieren sämtliche in der Praxis eingesetzten parameterfreien Optimierungsverfahren auf Optimalitätskriterien oder sensitivitätsbasierten Methoden. Optimalitätskriterien lassen sich nur für einfachere Optimierungsaufgaben ableiten, wie die Steifigkeits- oder Eigenfrequenzmaximierung. Komplexere Problemstellungen benötigen die Bestimmung von Sensitivitäten. Für eine detaillierte Beschreibung der Topologieoptimierung und deren Anwendung in verschiedenen Ingenieursdisziplinen sei auch auf BENDSOE UND SIGMUND [12] verwiesen.

Die Topologieoptimierung formuliert das Optimierungsproblem als optimale Materialverteilung in einem festgelegten Bauraum. Durch die zugrundeliegende FE-Diskretisierung ist die Anzahl an Designvariablen im Vergleich zu anderen Optimierungsverfahren sehr groß. Zusätzlich kommt bei der akustischen Strukturoptimierung als Designantwort noch eine größere Anzahl an Frequenzschritten für die Amplitudenverteilung innerhalb des betrachteten Frequenzbereichs hinzu. Weiterhin steigt die Komplexität des Optimierungsproblems dadurch, dass die Ergebnisse von allen Punkten der schallabstrahlenden Oberfläche zu einer Zielgröße zusammengefasst werden müssen.

Als Designvariable wird der relative Elementfüllgrad γ der einzelnen Elemente an der Position x im Designbereich V_d zwischen 0 (leer) und 1 (voll) variiert. Üblicherweise wird eine Volumenrestriktion eingeführt, so dass das eingesetzte Material einen relativen Volumenanteil V_{rel} nicht überschreitet.

$$\frac{1}{V_d}\int_{V_d}\gamma(x)dV \leq V_{rel} \tag{5.1}$$

$$0{,}001 = \gamma_{\min} \leq \gamma(x) \leq 1 \tag{5.2}$$

An dieser Stelle sei angemerkt, dass in der Literatur meist die relative Elementdichte als Designvariable verwendet wird. Da im Gegensatz zu statischen Analysen die Massenverteilung in der Strukturdynamik durchaus von Bedeutung ist (vgl. (2.40)), wird hier die Designvariable als Elementfüllgrad γ bezeichnet. Dies ermöglicht eine Unterscheidung von der Werkstoffdichte ρ .

Für die konstruktive Umsetzbarkeit des Optimierungsergebnisses ist es notwendig, eine möglichst klare Trennung zwischen leeren und vollen Elementen zu erhalten. Zur Bestrafung von Mischelementen wird häufig der SIMP-Ansatz (*solid isotropic material with penalization*) verwendet, siehe MLEJNEK [97], BENDSOE UND SIGMUND [12]. Die Materialeigenschaften werden über den Penalisierungsfaktor p festgelegt:

$$\frac{E}{E_0} = \frac{\rho}{\rho_0} = \gamma^p \tag{5.3}$$

Im Hinblick auf dynamische Probleme kann der tangentiale Übergang der Kurve zur Abszisse für kleine Füllgrade zu numerischen Problemen führen, wenn die Elementsteifigkeit im Verhältnis zur -dichte sehr klein wird (vgl. Abb. 5.1). Gerade in Verbindung mit der modalen Superposition wurde das Auftreten lokaler Moden in weichen Strukturbereichen beobachtet [146]. Diesbezüglich verbessert die konvexe Form der RAMP-Interpolation (*rational approximation of material properties*) die Konvergenz für dynamische Probleme, vgl. STOLPE UND SVANBERG [130]:

$$\frac{E}{E_0} = \frac{\rho}{\rho_0} = \frac{\gamma}{1 + p(1 - \gamma)} \tag{5.4}$$

Wie in Abb. 5.1a dargestellt, bestraft die Materialinterpolation die Mischelemente mit einem mittleren Füllgrad, indem diese mehr Materialeinsatz kosten als diese zur mechanischen Bauteilfestigkeit beitragen. Dadurch wird der Einsatz von vollen Elemente mit einer höheren Leistungsfähigkeit auf Kosten der Mischelemente gefördert, so dass am Ende der Optimierung idealerweise ausschließlich volle und leere Elemente verbleiben. Der Bestrafungsfaktor p verschärft dabei die Bestrafung der Mischelemente. Bei Wahl einer zu großen Bestrafung kann die Optimierung jedoch schnell zu einem lokalen Minimum führen, da die Sensitivitäten im Bereich niedriger Füllgrade sehr flach werden und die Optimierung wegen zu geringer Designänderungen abbricht. Zudem erkennt man in Abb. 5.1b, dass bei $p = 3$ nur mit dem SIMP-Ansatz wirkliche Null-Elemente auftreten. Bei RAMP sind die mechanischen Eigenschaften der Elemente mit γ_{min} immer noch ungleich null. Eine weitere Absenkung der γ_{min}-Grenze kann jedoch zu numerischen Problemen des FE-Lösers führen.

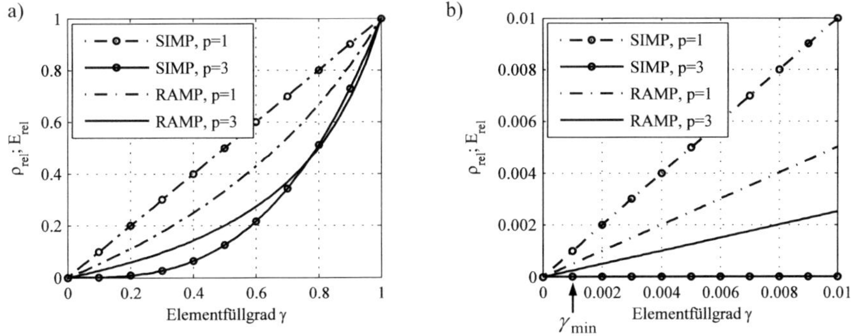

Abb. 5.1:   Materialinterpolation der relativen Dichte und E-Moduls in Abhängigkeit des Elementfüllgrades zur Bestrafung von Mischelementen
a) gesamter Wertebereich, b) Bereich um $\gamma \approx 0$ vergrößert

Den Einfluss unterschiedlicher Materialbestrafung von Dichte und Steifigkeit auf das Auftreten von lokalen Moden in Bereichen geringer Dichte wird in PEDERSEN [115] untersucht. Alternative Ansätze zur Vermeidung von Mischelementen durch Einführung einer expliziten Materialbestrafung als Teil der Zielfunktion werden von ALLAIRE UND KOHN [2], BORRVALL UND PETERSSON [23] für statische Probleme eingesetzt, sowie von YOON [146] für eine Frequenzgang-Optimierung. Dabei stellt YOON fest, dass die Unterdrückung der Mischelemente zu einer Verschlechterung der Zielfunktion führt.

5.2 Strukturakustische Topologieoptimierung

Für die parameterfreie Optimierung der Schallabstrahlung ist eine geeignete Formulierung der Zielfunktion und deren Sensitivität hinsichtlich der Designvariablen erforderlich. Minimiert werden soll die Schallabstrahlung einer Oberfläche, daher sei an dieser Stelle nochmals die maschinenakustische Grundgleichung genannt, vgl. (2.24):

$$P(\Omega) = \rho_L c_L \sigma(\Omega) S \overline{\tilde{v}_N^{\,2}}(\Omega) \tag{5.5}$$

Bei der Formulierung der Zielfunktion Θ für zunächst einen Frequenzschritt Ω können unter Annahme eines Abstrahlgrades $\sigma = 1$ und einer gleichbleibenden Oberfläche konstante Faktoren entfallen. Unter Berücksichtigung von $v = j\Omega u$ ergibt sich

$$\Theta(\Omega, \gamma) = \overline{\tilde{v}_N(\Omega)^2} = \Omega^2 \cdot \overline{\tilde{u}_N(\Omega)^2} = \frac{\Omega^2}{2S} \int_S |\hat{u}_N(\Omega, \gamma)|^2 \, dS \tag{5.6}$$

mit der Bewegungsgleichung

$$\mathbf{A}(\Omega, \gamma)\mathbf{u}(\Omega, \gamma) = \mathbf{F}(\Omega) \text{ mit } \mathbf{A}(\Omega, \gamma) = -\Omega^2 \mathbf{M}(\gamma) + j\Omega \mathbf{C}(\gamma) + \mathbf{K}(\gamma) \tag{5.7}$$

unter Zusammenfassung der Massen-, Dämpfungs- und Steifigkeitsmatrix in der dynamischen Steifigkeitsmatrix $\mathbf{A}(\Omega, \gamma)$.

Eine direkte Berechnung der Elementsensitivitäten ist aufgrund der Vielzahl an Designvariablen nicht praktikabel. Die Sensitivitäten lassen sich einfacher mit Hilfe der *Adjungierten Methode* bestimmen, die sich für Optimierungsaufgaben mit vielen Designvariablen und einer geringer Anzahl an Nebenbedingungen empfiehlt. Hierfür wird zu (5.6) ein Nullterm mit dem Lagrange-Multiplikator λ addiert. Die Herleitung sei an dieser Stelle nur vereinfacht für den veränderlichen Teil der Zielfunktion $\theta = \left| \mathbf{u}_N^{(S)} \right|^2$ dargestellt, ausführlich siehe DÜHRING [40] und [41]:

$$\theta(\gamma) = |\mathbf{u}|^2 - \lambda^T (\mathbf{Au} - \mathbf{F}) \tag{5.8}$$

Unter Verwendung von $u = u_R + ju_I$ ergibt sich daraus

$$\theta(\gamma) = \mathbf{u}_R^2 + \mathbf{u}_I^2 - \lambda^T (\mathbf{A}(\mathbf{u}_R + j\mathbf{u}_I) - \mathbf{F}) \tag{5.9}$$

Die Ableitung $d\Theta / d\gamma$ ist unter Berücksichtigung der Kettenregel gegeben durch

$$\frac{d\theta}{d\gamma} = 2\mathbf{u}_R \frac{\partial \mathbf{u}_R}{\partial \gamma} + 2\mathbf{u}_I \frac{\partial \mathbf{u}_I}{\partial \gamma} - \lambda^T \left(\frac{\partial \mathbf{A}}{\partial \gamma} \mathbf{u} + \mathbf{A} \left(\frac{\partial \mathbf{u}_R}{\partial \gamma} + j \frac{\partial \mathbf{u}_I}{\partial \gamma} \right) \right) \tag{5.10}$$

Nach wenigen Umformungen kann die Sensitivität der Zielfunktion zusammengefasst werden zu

$$\frac{d\theta}{d\gamma}(\Omega) = \mathrm{Re}\left(-\lambda(\Omega)^T \frac{\partial \mathbf{A}}{\partial \gamma} \mathbf{u}(\Omega)\right) \tag{5.11}$$

unter der Voraussetzung, dass die Anteile der unbekannten Ableitungen $\partial u_R / \partial \gamma$ und $\partial u_I / \partial \gamma$ verschwinden:

$$\frac{\partial \mathbf{u}_R}{\partial \gamma}\left(2\mathbf{u}_R - \lambda^T \mathbf{A}\right) + \frac{\partial \mathbf{u}_I}{\partial \gamma}\left(2\mathbf{u}_I - j\lambda^T \mathbf{A}\right) = 0 \tag{5.12}$$

Dies führt auf die adjungierte Lösung, auch Pseudolastfall genannt:

$$\lambda^T \mathbf{A} = \mathbf{u}_{R,N}{}^{(S)} - j\mathbf{u}_{I,N}{}^{(S)} \tag{5.13}$$

Die Verschiebungen in (5.13) beziehen sich dabei analog zu (5.6) auf die abstrahlende Oberfläche in Normalenrichtung. Für die Sensitivität der Zielfunktion (5.11) ist somit einerseits die Bewegungsgleichung unter Anregung mit der regulären dynamischen Last zu lösen, sowie eine weitere Lösung unter Anregung mit der Pseudolast. Die verbleibende Ableitung der Systemmatrix $\partial \mathbf{A} / \partial \gamma$ in (5.11) lässt sich mit geringem Aufwand berechnen.

Während sich die Schallleistung eines Spektrums als Summe der einzelnen Frequenzanteile ergibt,

$$P_{ges} = \sum_{\Omega} P(\Omega) \tag{5.14}$$

wird die Zielfunktion als gewichtete Summe formuliert (*q-mean-norm*), vgl. TOSCA [136] oder SCHUHMACHER [125]:

$$\min_{\gamma} \Theta_{ges} \quad \text{mit} \quad \Theta_{ges} = \left(\frac{1}{N}\sum_{i=1}^{N}\left(\Theta(\Omega_i)\right)^q\right)^{\frac{1}{q}} \tag{5.15}$$

Die Optimierung einer ungewichteten Summe kann zwar in einem insgesamt reduzierten Spektrum resultieren, allerdings können einzelne Peaks verbleiben oder sogar erhöht werden. Eine reine MinMax-Formulierung kann dagegen zu einem Springen der Zielfunktion führen, so dass kein eindeutiges Ergebnis gefunden wird. Nach [136] kommt Gl. (5.15) mit $q = 6$ sehr nahe an eine MinMax-Formulierung, in der die maximalen Pegelanteile stärker gewichtet werden und die Optimierungsrechnung auf ein möglichst gleichmäßiges Amplitudenspektrum mit geringen Maximalpegeln führt. Mit $q = 1$ wird der mittlere Pegel reduziert, dabei können einzelne ausgeprägte Resonanzen verbleiben. Sofern die Anzahl der Frequenzschritte N konstant bleibt, entspricht dies der Minimierung des Summenpegels. Wählt man

$q = 2$, so entspricht dies der Root-Mean-Square-Formulierung zur Minimierung des RMS-Pegels, in welchem hohe Amplituden stärker gewichtet werden, jedoch nicht so signifikant wie für eine MinMax-Formulierung mit $q = 6$.

Das Ablaufschema für die Optimierungsrechnung ist in Abb. 5.2 dargestellt. Zunächst wird eine Modalanalyse des FE-Modells durchgeführt. Die Frequency Response-Analyse erfolgt durch Modale Superposition mit der Anregung des dynamischen Lastfalls. Die Lösung $\mathbf{u}(\Omega)$ wird anschließend in einer zweiten dynamischen Analyse als Anregung aufgebracht, wobei die Pseudolast $\mathbf{u}_N^{(S)}(\Omega)$ die komplexe, frequenz- und knotenabhängige Normalenkomponente der Verschiebung von der schallabstrahlenden Oberfläche ist, vgl. (5.14). Die Lösung des Pseudolastfalls $\lambda(\Omega)$ ist im Wesentlichen von mathematischer Bedeutung und lässt zusammen mit $\mathbf{u}(\Omega)$ die Berechnung der Elementsensitivitäten zu. Dabei werden verschiedene Filtertechniken zur Glättung der Sensitivitäten und Dichteverteilung angewendet, um u.a. die Unabhängigkeit der Lösung von der Vernetzung sicherzustellen und sogenannte Checkerboard-Designs zu vermeiden, vgl. [12]. Mit dem Ergebnis des dynamischen Lastfalls und den ermittelten Elementsensitivitäten kann nun mit Hilfe des MMA-Verfahrens eine neue Materialverteilung für die folgende Optimierungsiteration bestimmt werden.

Für die Funktionalitäten der Optimierungsrechnung im rechten Teil der Abb. 5.2 wurde die kommerzielle Software TOSCA.STRUCTURE [136] eingesetzt. Der linke Teil des Ablaufschemas mit der automatisierten Lösung des dynamischen Lastfalls, der Aufbringung der Pseudolast und deren Lösung wurde im Rahmen dieser Arbeit in ANSYS mit mehreren APDL-Skripten realisiert.

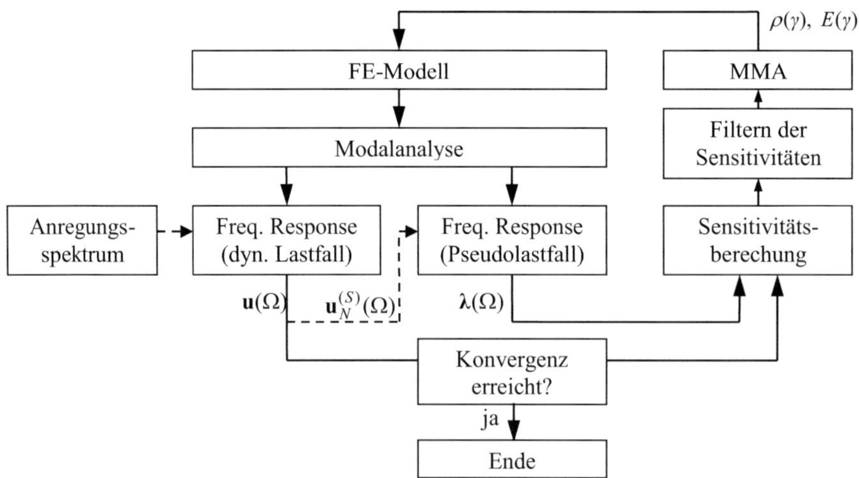

Abb. 5.2:   Ablaufschema der Optimierungsrechnung mit Pseudolastfall

5.3 Strukturoptimierung eines Kastens

Als Anwendungsbeispiel wird ein anspruchsvolleres akademisches Modell in Form eines Kastens gewählt, welches an eine frühere Arbeit auf diesem Themengebiet angelehnt ist [68]. Neben der strukturakustischen Optimierung mit unterschiedlichen Gewichtungen der q-mean-Norm zur Bildung des Summenpegels wird der Kasten weiteren Topologieoptimierungen mit herkömmlichen Zielfunktionen unterzogen, um so deren Tauglichkeit zur Optimierung von akustischen Kenngrößen zu vergleichen. Hierzu wird separat die 1. Eigenfrequenz des Kastens, als auch die dynamische bzw. statische Steifigkeit maximiert.

5.3.1 Bauraummodell

Das Bauraummodell des Kastens ist in Abb. 5.3 gezeigt. Als Last wird eine konstante Einheitsanregung von $F(\Omega) = 1N$ an der gezeigten Position aufgebracht. Damit entspricht die berechnete Körperschallleistung L_W dem Körperschallmaß L_h. Als Randbedingung werden die unteren Kanten auf der Innenseite des Kastens translatorisch festgehalten. Für das Material werden die Kennwerte von Stahl (Ck 15) mit $E = 204000\,N\big/mm^2$, $\rho = 7{,}85 \cdot 10^{-9}\,t\big/mm^3$, $v = 0{,}3$ verwendet. Die Vernetzung erfolgt mit quadratischen Hexaederelementen durch 21.000 Elemente und 97.000 Knoten. Die Wände bestehen aus 5 Elementschichten mit jeweils 4 mm Dicke. Davon ist die innerste als gefroren definiert, so dass 18.000 Elemente im Designbereich verbleiben. Die Elementkantenlänge wurde mit $l_e \approx 12mm$ ausreichend fein gewählt, um auch für den unverstärkten Kasten eine ausreichende Auflösung der Biegewellenlänge mit $\lambda_B \approx 10 \cdot l_e$ bei Annahme einer unendlichen Platte [78] zu gewährleisten. Gerade für den adjungierten Lastfall ist eine gute Wiedergabe des lokalen Schwingungsverhaltens wichtig. Zudem lassen sich die Ergebnisse der Topologieoptimierung bei feiner aufgelösten Strukturen leichter interpretieren.

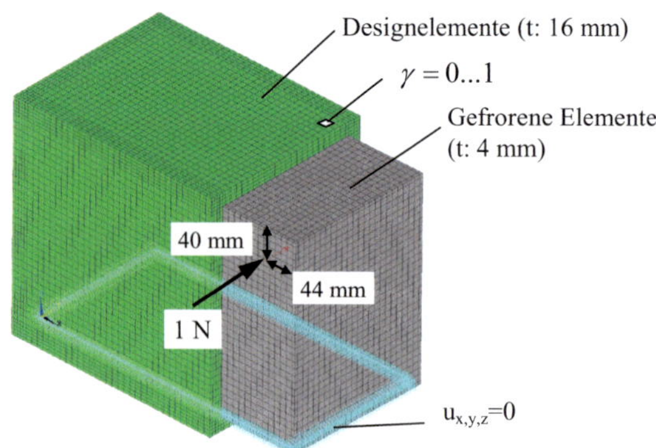

Abb. 5.3:   Bauraummodell des Kastens,
              Innenmaße 350x175x233mm, Wandstärke t: 20 mm

Das Problem wird als Verstärkungsaufgabe (*reinforcement*) formuliert, indem ein vorgegebener Kasten mit dünner Wandstärke durch zusätzliches Material verstärkt werden soll.
Als Maß für die abgestrahlte Schallleistung wird das zeitlich und örtlich gemittelte Quadrat
der Oberflächenschnelle von über 8.100 Knoten auf der Innenseite des gefrorenen Bereiches
ausgewertet:

$$\min_{\gamma} \Theta_{ges} \text{ mit } \Theta_{ges} = \left(\frac{1}{N} \sum_{i=1}^{N} \left(\Theta(\Omega_i) \right)^q \right)^{\frac{1}{q}}, \ \Theta(\Omega_i, \lambda) = \overline{\tilde{v}_N(\Omega_i)^2}. \tag{5.16}$$

Dies vereinfacht die Optimierungsaufgabe, da die abstrahlende Oberfläche unveränderlich
ist, zudem wird die Dichtigkeit des Kastens sichergestellt. Innerhalb des aufgedickten Designbereichs kann der Optimierer den gefrorenen Kasten durch die Umverteilung des Materials zur Erfüllung der Zielfunktion verstärken.

Die Berechnung der Schwingungsantwort im betrachteten Frequenzbereich von 0 bis
3000 Hz erfolgt unter Verwendung eines globalen Dämpfungsgrades von $D = 1\%$. Die Auswertung wird aus Effizienzgründen auf den Bereich um die Eigenfrequenzen beschränkt –
dabei wird die maximale Resonanzamplitude mit hoher Genauigkeit erfasst (ANSYS: *cluster
frequency steps around modes*). Die evaluierten Frequenzschritte werden durch die Eigenfrequenz ω_n und die modale Dämpfung D_n festgelegt, vgl. [5]:

$$\Omega^n{}_{\pm i} = \omega_n \cdot \left(a_{in} \right)^{\pm 1}$$

$$\text{mit } a_{in} = 1 + \left(D_n \right)^b, \ b = \frac{2(N-i)}{N-1}, \ i = 1...N \tag{5.17}$$

Mit $N = 2$ ergeben sich 3 Frequenzschritte pro Eigenfrequenz, zusätzlich zu einem weiteren Frequenzschritt in der Mitte zweier Eigenfrequenzen.

Oft kommt es bei der Optimierung dynamischer Probleme zur Bildung von entkoppelten Masseansammlungen (Tilger), die als lokale Moden einen großen Teil der Schwingungsenergie aufnehmen. Sie tragen jedoch nicht zur Schallabstrahlung bei, da sie von der Oberfläche entkoppelt sind. Zur Gewährleistung von realisierbaren Designs werden daher für alle Seitenflächen Gussrestriktionen mit Entformungsrichtung nach außen definiert.

Um das zur Verfügung stehende Material zu beschränken, wird eine Volumenrestriktion mit

$$\frac{1}{V_d} \int_{V_d} \gamma(x) dV \leq V_{rel}, \quad V_{rel} \leq 0{,}56 \tag{5.18}$$

gewählt, inklusive der bereits gefrorenen Elemente. Bei der Verwendung der RAMP-Materialinterpolation ergeben sich mit dem Bestrafungsfaktor $p = 1$ für das initiale Design die Materialeigenschaften $\rho_{rel} = E_{rel} = 0{,}39$. Im Laufe der Untersuchungen hat sich gezeigt, dass bei der Veränderung der Materialverteilung eine kleine Schrittweite erforderlich ist, um deren Auswirkung auf die Amplitudenverteilung nachverfolgen zu können. Zu große Designänderungen können erhebliche Veränderungen in der Amplitudenzusammensetzung verursachen, welche zu einem nichtglatten, springenden Verlauf der Zielfunktion führen. Oft konvergiert dann die Optimierung schlecht oder gerät zu schnell in ein lokales Optimum.

Der Zeitaufwand für eine Optimierungsiteration kann aus Tab. 5.1 entnommen werden. Für 100 Iterationen werden knapp 14 Stunden benötigt, womit das Beispiel zum Test verschiedener Strategien gut geeignet ist. Nur etwa 16 % der Zeit entfallen auf die Optimierung selbst, der Rest wird für die Analyse des FE-Modells aufgewendet. Die Modalanalyse hat daran den größten Anteil. Die Ergebnisse der Knotenverschiebungen liegen bereits nach der Harmonischen Analyse vor, die Ergebnisexpansion ist nur wegen der Datenschnittstelle erforderlich. Die Modalanalyse wird auf zwei Kernen gerechnet, die anderen Schritte sind nicht parallelisierbar. Als Ansatzpunkt für eine softwareseitige Reduktion der Berechnungszeit ist eine stärkere Parallelisierung der Berechnung jedoch durchaus denkbar.

Tab. 5.1:   Berechnungsaufwand der Optimierungsrechnung pro Iteration
(HP z800 mit Intel i7 2,27 GHz, 2x4 Kerne, 24 GB RAM)

Berechnungsschritt	Dauer [s]	
Modalanalyse (Block Lanczos)	320	19 Moden
Harmon. Analyse + Expansion	49	36 Freq.
Aufbringung der Pseudolast	6	
Harmon. Analyse + Expansion	49	36 Freq.
(autom. Postprocessing)	(13)	
Summe FE-Berechnung	**420**	
Import der FE-Ergebnisse	16	36 Freq.
Sensitivitätsberechnung und Filter	64	
Summe Optimierung	**80**	
Summe Zeit pro Iteration	**500**	8:20 min

5.3.2 Minimierung des maximalen Körperschallmaßpegels (MinMax)

In einer ersten Optimierungsaufgabe zur Verbesserung der strukturakustischen Eigenschaften soll der maximale Körperschallmaßpegel im betrachteten Frequenzbereich minimiert werden, indem eine Summation der Frequenzschritte mit der q-mean-Norm bei $q = 6$ durchgeführt wird, vgl. (5.15). Da der Optimierer stets die maximale Amplitude verringert, führt dies auf ein möglichst gleichmäßiges Amplitudenspektrum. Bei einer impulsartig oder breitbandig angeregten Struktur sollte sich damit ein gleichmäßiges Antwortspektrum ergeben, ohne dass einzelne Frequenzen dominieren. Bei einer frequenzvariablen Anwendung, beispielsweise bei einem Drehzahlsweep, sollte dies zu einem monoton ansteigenden Geräuschpegel führen, wie man es im Allgemeinen erwartet.

Die Ergebnisse des Optimierungslaufes sind in Abb. 5.4 dargestellt. Abb. 5.4a zeigt die optimierte Materialverteilung innerhalb des Designbereichs, Elemente mit $\rho_{rel} < 0{,}3$ sind für eine bessere Darstellung ausgeblendet. Man erkennt an der Krafteinleitungsstelle eine Erhöhung der Eingangsimpedanz durch eine Zusatzmasse. Die rechte Teilfläche wurde verstärkt, um die eingeleitete Kraft in Richtung der Festhaltung abzustützen. Im linken oberen Bereich des Kastens befindet sich eine große Ausgleichsmasse zur Verstimmung der Struktur. Bemerkenswert ist auf der rechten Seitenfläche eine Freisparung zwischen den beiden Materialbereichen. Im Gegensatz zu bekannten Richtlinien, Strukturen bei statischer Belastung entlang ihrer Kraftflusslinien zu verstärken, handelt es sich hier um eine beabsichtigte Entkopplung. Neben den gut erkennbaren Strukturbereichen mit 0- sowie 1-Elementen verbleiben in anderen Bereichen zahlreiche Mischelemente, wie auch anhand des Histogramms in Abb. 5.4b zu sehen ist.

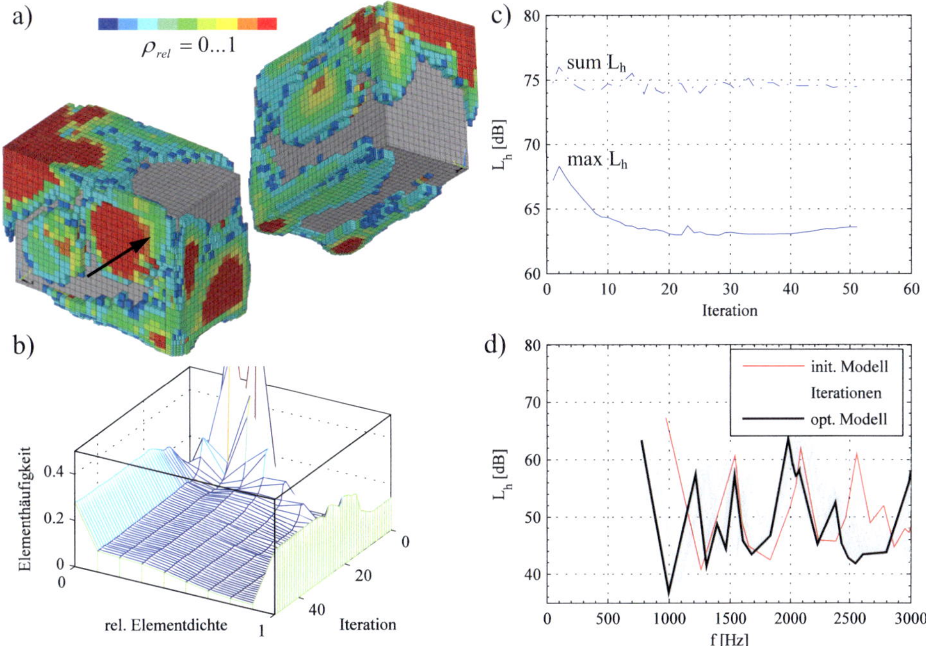

Abb. 5.4:   Topologieoptimierung mit der Zielfunktion: MinMax Körperschallmaßpegel
($V_{rel} \leq 0{,}56$; RAMP-Materialinterpolation, $p = 1$, $q = 6$)
a) Materialverteilung des optimierten Designs
b) Histogramm der relativen Elementdichte ρ_{rel}, c) Konvergenzverlauf,
d) Körperschallmaß des initialen und optimierten Modells

Das Histogramm erlaubt es, Aussagen über die Konvergenz der Materialverteilung zu treffen. Zu Beginn der Optimierung besteht das Modell nur im gefrorenen Modellbereich aus 1-Elementen, der Rest besteht vollständig aus Mischelementen. Durch die Umverteilung des Materials entstehen leere und ausgefüllte Designbereiche, abzulesen an der rechten bzw. linken Seite des Histogramms. Idealerweise sollten am Ende der Optimierung keine Mischelemente mehr auftreten. In diesem Fall werden den Klassen mit einer relativen Dichte zwischen 0,1 und 0,9 noch 44,0 % aller Elemente zugeordnet, die trotz der RAMP-Materialbestrafung nach (5.4) nicht verschwinden. Wie von Metallschäumen bekannt, weisen diese durch ihre große räumliche Ausdehnung trotz des reduzierten Materialeinsatzes eine hohe Biegesteifigkeit auf. Da Biegewellen einen großen Anteil an der Schallabstrahlung haben, können so die dynamischen Eigenschaften der Struktur verbessert werden. Unter mechanischen Gesichtspunkten kann daher die Verwendung von Mischelementen durchaus ein optimales Design darstellen.

Der Konvergenzverlauf der akustischen Kenngrößen ist in Abb. 5.4c gezeigt. Der glatte Verlauf der Zielgröße kennzeichnet einen stabilen Optimierungsverlauf. Während der maximale Pegel wie erwartet reduziert wird, bleibt der Summenpegel unverändert. Das zugehörige Spektrum kann Abb. 5.4d entnommen werden. Der maximale Pegel bei 1000 Hz wird um 3,6 dB reduziert und entspricht nun in etwa der Amplitude bei 2000 Hz. Die erste Eigenfrequenz wird dabei um 250 Hz abgesenkt. Der kantige Verlauf der Spektren ist in der reduzierten Anzahl der ausgewerteten Frequenzstützstellen begründet, welche genau an den Eigenfrequenzen gewählt wurden, vgl. (5.17).

Durch die zahlreichen verbleibenden Mischelemente ist eine Realisierung des optimierten Designs problematisch. Entweder verschlechtert sich die Zielfunktion bei ausschließlicher Verwendung von vollen Elementen, oder das Gewicht des Kastens nimmt im Falle der Realisierung aller Mischelemente stark zu. Für eine nachvollziehbare Designverifikation werden daher die Mischelemente entsprechend ihrer physikalischen Elementdichte mathematisch auf- bzw. abgerundet. Abb. 5.5 zeigt das Ergebnis des Verifikationsdesigns, zusammen mit der ursprünglichen, optimierten Materialverteilung. Weiterhin wird als Referenz ein Kasten konstanter Wandstärke bei vergleichbarer Masse dargestellt. Während die optimierte Materialverteilung eine Verbesserung gegenüber der Referenz aufweisen kann, macht sich bei dem Verifikationsdesign das Fehlen der Mischelemente erheblich bemerkbar: ein Großteil der Pegelreduktion geht wieder verloren, und der Maximalpegel liegt um 3,2 dB höher als bei der optimierten Materialverteilung. Daraus lässt sich folgern, dass eine nachhaltige Reduktion der Mischelemente bereits während der Optimierung essentiell ist. So können Schwachstellen durch den Wegfall von Mischelementen bereits während der Optimierung beseitigt werden, und es treten dann nur geringe Abweichungen gegenüber der Verifikationsrechnung auf.

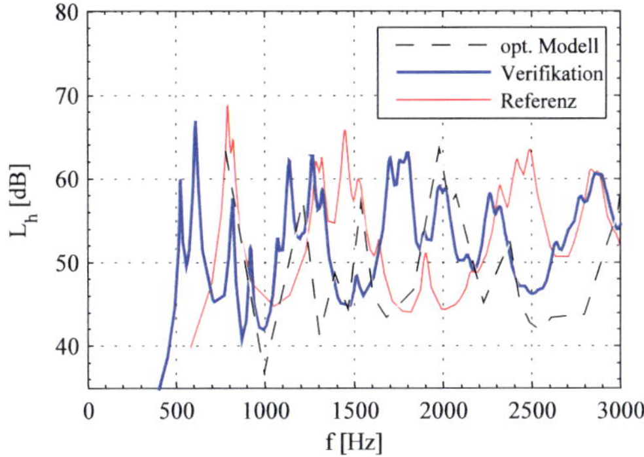

Abb. 5.5:   Verifikation des optimierten Modells durch Auf-/Abrunden der Mischelemente und Gegenüberstellung mit Referenz (Kasten konstanter Wandstärke)
für MinMax Körperschallmaßpegel (RAMP 1)

Auch bei Verwendung einer höheren Materialpenalisierung mit $p = 3$ reduziert sich die
Zahl der Mischelemente nur unwesentlich, daher wird auf eine Darstellung verzichtet. Startet
man direkt mit einem sehr hohen Penalisierungsfaktor, so führt dies zu einem lokalen Optimum oder vorschnellen Abbruch der Optimierung. Daher ist es naheliegend, zunächst mit
einer geringen Materialbestrafung zu beginnen und bei Erreichen des Konvergenzkriteriums
die Optimierung mit einem schrittweise erhöhten Bestrafungsfaktor fortzusetzen. Diese Möglichkeit wurde eigens für die Durchführung dieser Untersuchung durch den Softwareherstel-
ler realisiert. Damit lässt sich beim Start einer neuen Optimierung mit erhöhtem Penalisierungsfaktor die Materialverteilung aus der vorangegangenen Optimierung importieren, um so
die verbleibenden Mischelemente zu entfernen.

Die Abhängigkeit der mechanischen Eigenschaften für verschiedene Bestrafungsfaktoren
zeigt Abb. 5.6. Die Grafik enthält auch die obere Hashin-Shtrikman-Grenze für eine Verbundstruktur aus vollem und leerem Material. Die Hashin-Shtrikman-Grenzen geben an, ob
es prinzipiell eine Mikrostruktur mit solchen mechanischen Eigenschaften gibt, vgl. [12]:

$$E_{upper}^{(HS)} = \frac{\gamma E_0}{3 - 2\gamma} \tag{5.19}$$

$$E_{lower}^{(HS)} = \begin{cases} 0 & \text{für } \gamma < 1 \\ E_0 & \text{für } \gamma = 1 \end{cases} \tag{5.20}$$

Somit liegen die verwendeten RAMP-Materialinterpolationen für $p \geq 2$ im Bereich der
Hashin-Shtrikman-Grenzen und sind physikalisch sinnig. Dennoch wurde die Optimierung
mit $p = 1$ begonnen, da durch die anfangs sehr milde Bestrafung in der Regel bessere Optimierungsergebnisse erzielt werden konnten. Die Bestrafung mit $p = 90$ kommt sehr nahe an

die untere Hashin-Shtrikman-Grenze (5.20). Die Annäherung an diese unstetige Sprungfunktion führt allerdings zu einem zunehmend unruhigeren Konvergenzverlauf der Zielfunktion.

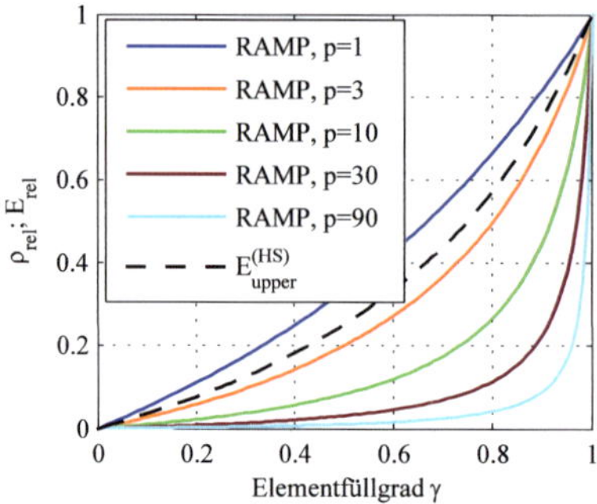

Abb. 5.6: RAMP-Materialpenalisierung für verschiedene Bestrafungsfaktoren; sowie obere Hashin-Shtrikman-Grenze für eine Verbundstruktur aus vollem und leerem Material

Das Optimierungsergebnis für die MinMax-Zielfunktion mit einem schrittweise erhöhten Bestrafungsfaktor von $q = 1...90$ zeigt Abb. 5.7. Im Gegensatz zu Abb. 5.4a hat sich in Abb. 5.7a das ursprüngliche Design komplett verändert, es sind kaum noch Gemeinsamkeiten zu erkennen. Die rechte Seitenfläche wurde komplett verstärkt, auf der Unterseite befinden sich mittig zwei Masseansammlungen, die Interpretation fällt jedoch aufgrund der fragmentierten Materialverteilung insgesamt schwerer als zuvor.

Dagegen wird nun die Umsetzung des Designs aufgrund der merklich reduzierten Anzahl an Mischelementen erleichtert, wie auch anhand des Histogramms in Abb. 5.7b zu sehen. Der Anteil der verbleibenden Mischelemente beträgt nur noch 8,4 %. Im Konvergenzverlauf in Abb. 5.7c macht sich die Erhöhung des Bestrafungsfaktors jeweils durch einen sprunghaften Anstieg der Zielgrößen bemerkbar. Dies liegt an der höheren Penalisierung, so dass der zuvor optimale Füllgrad zu einer reduzierten mechanischen Leistungsfähigkeit der Mischelemente führt und infolgedessen die optimale Verteilung angepasst werden muss. Weiterhin wird deutlich, dass die ursprüngliche Zielgröße kaum noch reduziert werden kann und tendenziell eher wieder ansteigt. Ein weiteres Merkmal ist die zunehmende Rauhigkeit des Konvergenzverlaufes bei hohen Bestrafungsfaktoren, da bereits kleine Änderungen des Füllgrades einen bedeutenden Einfluss auf die Materialeigenschaften und somit auf die akustischen Kenngrößen haben. Immerhin kann nach 179 Iterationen die ursprünglich Reduktion des maximalen Körperschallmaßpegels sogar noch unterboten werden, auf -4,6 dB. Die Reduktion wird erkauft mit einer Zunahme des Körperschallsummenpegels aufgrund der in Abb. 5.7d erkennbar hohen Modendichte. Während bei der initialen, homogenen Materialverteilung die erste Resonanz das Amplitudenspektrum überragte, weisen bei der optimierten Materialverteilung wie erwartet alle Moden in etwa die gleiche Maximalamplitude auf. Da der Optimierer für eine Verbesserung der Maximalamplitude nun auf alle Moden gleichzeitig achten muss, ist dies auch der Grund für den unstetigen Konvergenzverlauf und die fragmentierte Materialverteilung zur Beeinflussung der sehr unterschiedlichen Schwingformen.

Gegenüber der optimierten Materialverteilung verändert sich das Körperschallmaßspektrum bei der Verifikation des optimierten Designs sichtbar. Aufgrund der hohen Modendichte führen bereits kleine Frequenzverschiebungen zu einer Überlagerung der Resonanzen, einhergehend mit einer Zunahme der Amplituden. Dies führt zwar auch hier zu einer Zunahme der Maximalamplitude um 2,6 dB, liegt jedoch immer noch um 1,8 dB unter der zuvor diskutierten Optimierungsverifikation.

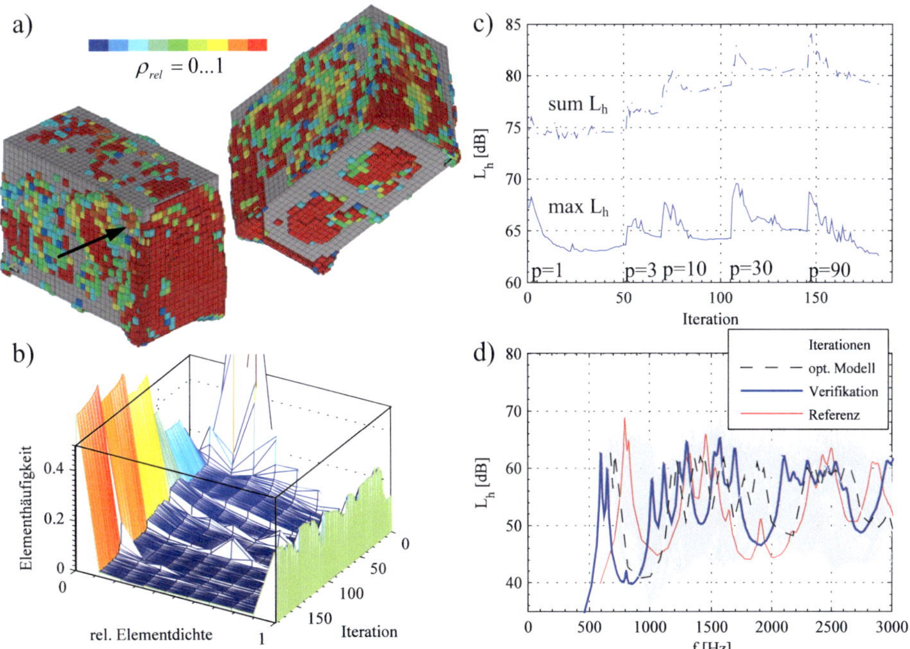

Abb. 5.7: Topologieoptimierung mit der Zielfunktion: MinMax Körperschallmaßpegel ($V_{rel} \leq 0{,}56$; RAMP-Materialinterpolation, $p = 1...90$, $q = 6$)
a) Materialverteilung des optimierten Designs
b) Histogramm der relativen Elementdichte ρ_{rel}, c) Konvergenzverlauf,
d) Körperschallmaß vor / nach der Optimierung

5.3.3 Minimierung des Körperschallmaß-Summenpegels (MinSum)

Bei der folgenden Optimierungsaufgabe soll der Summenpegel des Körperschallmaßspektrums minimiert werden. Dies entspricht der q-mean-Norm in (5.15) mit $q = 1$ unter der Annahme, dass die Anzahl der Moden und somit der Frequenzschritte annähernd konstant bleiben. Dabei können zwar einzelne erhöhte Resonanzen verbleiben, da jedoch auch weniger ausgeprägte Resonanzen in die Zielfunktion eingehen, sollte auch in Frequenzbereichen mit einer geringeren dynamischen Aktivität eine weitere Verbesserung zu erwarten sein. Die ungewichtete Zielfunktion überlässt dem Optimierer selbst den Spielraum zur Beurteilung des Aufwand-/Nutzenverhältnisses zur Reduktion einer Resonanzamplitude. Lässt sich beispielsweise mit dem gegebenen Designraum die größte Amplitude nicht wirksam reduzieren, so wirken sich durchaus auch Verbesserungen geringer ausgeprägter Resonanzen positiv auf die Zielfunktion aus. Ist zudem die Frequenzlage der Anregung beeinflussbar, sollten damit große Verbesserungen zu erreichen sein.

Wie im vorigen Abschnitt beobachtet, wird auch hier eine eindeutige Materialverteilung nur durch die schrittweise Anhebung der Materialbestrafung erreicht. Die optimale Materialverteilung zeigt Abb. 5.8a. Gut lassen sich als strukturelle Maßnahmen die Aufdickung der rechten und oberen Teilfläche sowie im Eckbereich der Krafteinleitungsstelle erkennen. Die anderen Teilflächen werden durch charakteristische Verrippungsmuster verstärkt. Der Anteil der verbleibenden Mischelemente ist mit 7,4 % gering, wie auch im Histogramm in Abb. 5.8b sichtbar. Im Gegensatz zum Konvergenzplot der MinMax-Optimierung (Abb. 5.7c) weisen die beiden akustischen Kenngrößen hier in Abb. 5.8c einen weitgehend parallelen Verlauf auf. Allerdings nimmt auch hier die Rauhigkeit des Konvergenzverlaufs mit steigender Materialbestrafung stark zu und kann mit $p = 90$ weder den Anteil der Mischelemente, noch die Zielgröße reduzieren. Aus diesem Grund wird für Abb. 5.8a, als auch die nachfolgende Designverifikation, das Ergebnis aus der Optimierung mit $p = 30$ herangezogen.

Das Körperschallmaßspektrum in Abb. 5.8d enthält nur wenige relevante Moden, es verbleiben zwei ausgeprägte Resonanzen bei 900 Hz und 1800 Hz. Alle weiteren Moden liegen mit einem Abstand von über 15 dB deutlich darunter und tragen zum Summenpegel nicht mehr wesentlich bei. Da die Zielfunktion nur von wenigen Schwingformen dominiert wird, verläuft die Optimierung sehr stabil. Die Abweichungen zwischen den Spektren der optimierten Materialverteilung und der Designverifikation sind äußerst gering, der Maximalpegel nimmt lediglich um 0,4 dB zu. Somit zeigt sich, dass das optimierte Design robust gegenüber dem Entfernen der wenigen Mischelemente ist.

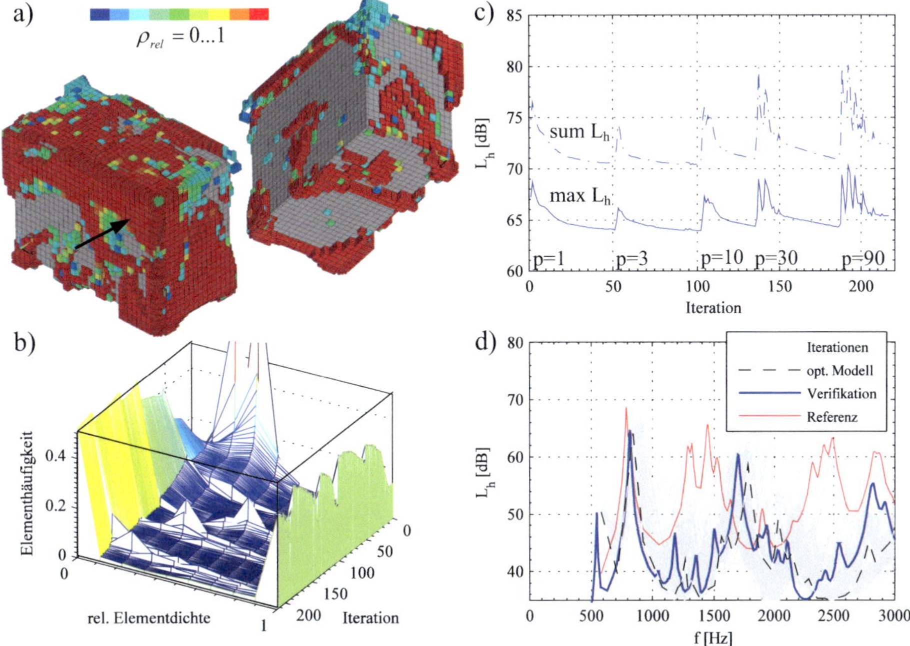

Abb. 5.8:   Topologieoptimierung mit der Zielfunktion: MinSum Körperschallmaßpegel ($V_{rel} \leq 0{,}56$; RAMP-Materialinterpolation, $p = 1...90$, $q = 1$)
a) Materialverteilung des optimierten Designs
b) Histogramm der relativen Elementdichte ρ_{rel}, c) Konvergenzverlauf,
d) Körperschallmaß vor / nach der Optimierung

5.3.4 Minimierung des RMS-Mittelwerts des Körperschallmaßes (MinRMS)

Der Root-Mean-Square-Summenpegel (Quadratischer Mittelwert, RMS) des Körperschallmaßes gewichtet durch Wahl von $q = 2$ in (5.15) die großen Amplituden stärker als der ungewichtete Summenpegel. Dennoch gehen im Gegensatz zur MinMax-Optimierung auch kleinere Resonanzen in die Designantwort ein. Dies führt zu einer stetigeren Zielfunktion und damit zu einer Stabilisierung der Optimierung, so dass der Designvorschlag in Abb. 5.9a eine sehr klare Strukturierung bei nur marginal auftretenden Mischelementen zeigt. Ähnlich wie bei der Summenpegel-Minimierung wird die rechte Seitenfläche sowie die Oberseite verstärkt. Auf der Unterseite finden sich Querrippen, die die seitlichen Kanten in Richtung Vorder- und Rückseite stabilisieren. Bemerkenswert ist in diesem Zusammenhang, dass auf der Unterseite des Kastens eine Freisparung die Querrippen in der Mitte unterbricht, um so die Weiterleitung von Biegewellen zu entkoppeln.

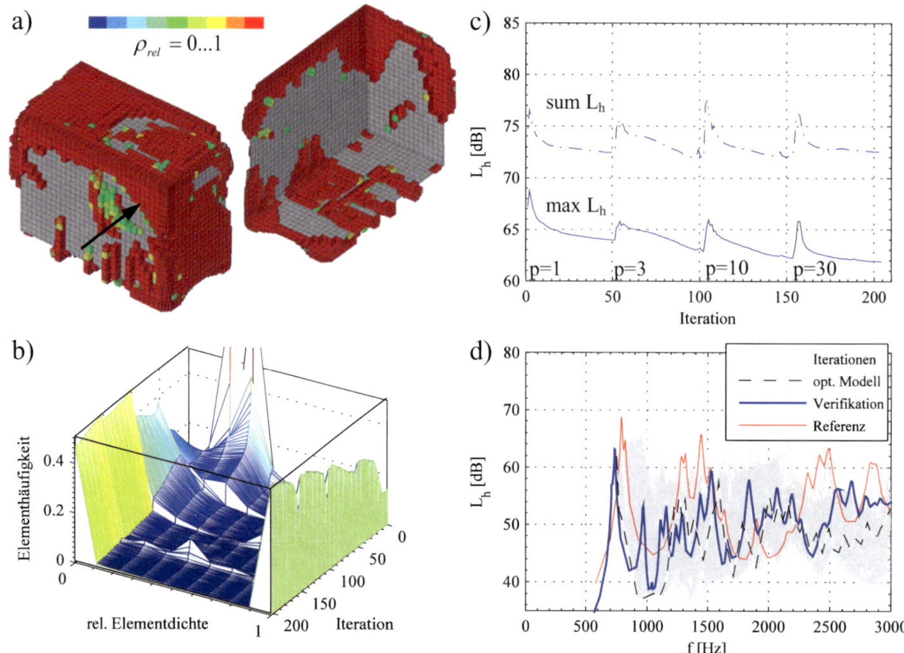

Abb. 5.9:   Topologieoptimierung mit der Zielfunktion:
MinRMS Körperschallmaßpegel
($V_{rel} \leq 0{,}56$; RAMP-Materialinterpolation, $p = 1...30$, $q = 2$)
a) Materialverteilung des optimierten Designs
b) Histogramm der relativen Elementdichte ρ_{rel}, c) Konvergenzverlauf,
d) Körperschallmaß vor / nach der Optimierung

Die eindeutige Trennung in leere und harte Elemente ist auch gut der Histogrammdarstellung in Abb. 5.9b zu entnehmen, nur 2,7 % aller Elemente verbleiben mit einer relativen physikalischen Dichte zwischen 0,1 und 0,9. Der Konvergenzplot in Abb. 5.9c zeigt ebenfalls einen stabilen Verlauf. Beide Kenngrößen werden reduziert, wobei die Absenkung des maximalen Körperschallmaßpegels größer ausfällt. Die Spektren der optimierten Materialverteilung und des Verifikationsmodells weisen überwiegend eine sehr gute Übereinstimmung auf, wobei auch hier der Maximalpegel um immerhin 1,3 dB zunimmt. Der Grund für das Auftreten von zusätzlichen, gering ausgeprägten Resonanzen (z.B. um 1000 Hz) ist einerseits in dem numerisch bedingten Mindestfüllgrad der leeren Elemente in Höhe von $\gamma_{min} = 0{,}001$ zu suchen. Deren stabilisierende Wirkung ist zwar gering, aber dennoch vorhanden und entfällt nun bei der Designverifikation. Andererseits führt das Aufrunden der Mischelemente zu einer lokalen Anhebung der Masse, was je nach Strukturbereich zu einer Zunahme der Amplitude führen kann. Gleichwohl stellen diese Effekte die Gültigkeit der Optimierungslösung nicht infrage, der maximale Pegel liegt immer noch deutlich unterhalb der Referenzkurve.

5.3.5 Maximierung der statischen Steifigkeit

Die häufigste Anwendung der Topologieoptimierung ist die Verbesserung der Bauteilfestigkeit durch Maximierung der statischen Steifigkeit. Die Steifigkeit wird maximiert, indem die Dehnungsenergie als Maß für die statische Nachgiebigkeit minimiert wird, vgl. [12]:

$$\min_{\gamma} \mathbf{f}^T \mathbf{u} \tag{5.21}$$

für die Lösung des statischen Problems

$$\mathbf{K}(\gamma)\mathbf{u} = \mathbf{f} \, . \tag{5.22}$$

Um zu untersuchen, inwiefern sich diese Zielfunktion zur Optimierung der strukturakustischen Eigenschaften eignet, wird die Steifigkeit des Kastens bei Belastung mit einer statischen Kraft optimiert. Parallel dazu werden die akustischen Kenngrößen ausgewertet, ohne dass dies in die Optimierung eingeht.

Das Optimierungsergebnis zeigt Abb. 5.10a. Der Kasten wird entlang des Kraftflusses ausgehend von der Ecke des Kraftangriffspunktes in Richtung der Festhaltung auf der rechten Seitenfläche verstärkt. Weiterhin wird die obere Kante auf der Rückseite verstärkt, um die Verformung des Kastens zu behindern. Bei der Steifigkeitsoptimierung handelt es sich um ein relativ einfaches Optimierungsproblem. Das Konvergenzkriterium wird bereits nach 24 Iterationen erreicht und es verbleiben weniger als 2,1 % Mischelemente, siehe Abb. 5.10b. Immerhin kann der maximale Pegel gegenüber dem Referenzdesign verbessert werden, obwohl große Bauteilbereiche auf der Rückseite des Kastens nur eine geringe Wandstärke aufweisen. Die unverstärkten Flächen sorgen allerdings für eine leichte Zunahme der Modendichte, so dass sich der Summenpegel nicht verbessern kann, vgl. Abb. 5.10c und d. Die Verifikation der optimierten Materialverteilung ergibt eine gute Übereinstimmung der Amplitudenhöhe aufgrund der geringen Anzahl der verbleibenden Mischelemente. Lediglich bei der 2./3. und 4./5. Mode kommt es zu einer leichten Frequenzverschiebung.

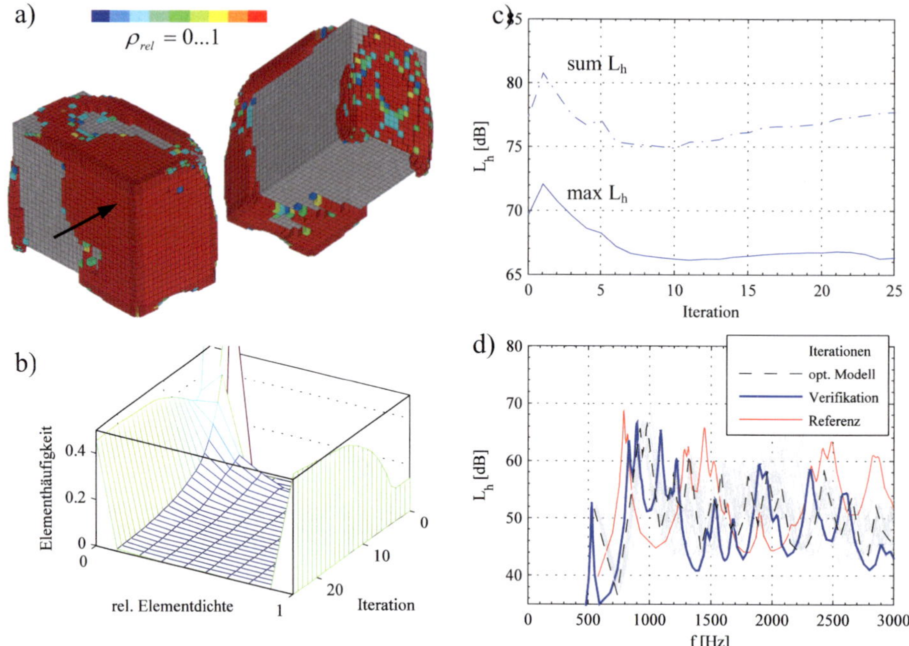

Abb. 5.10: Topologieoptimierung mit der Zielfunktion: Max. stat. Steifigkeit
($V_{rel} \leq 0{,}45$; RAMP-Materialinterpolation, $p = 3$)
a) Materialverteilung des optimierten Designs,
b) Histogramm der relativen Elementdichte ρ_{rel}, c) Konvergenzverlauf,
d) Körperschallmaß vor / nach der Optimierung

5.3.6 Maximierung der dynamischen Steifigkeit

Seltener als die statische Steifigkeitsoptimierung findet die Maximierung der dynamischen
Steifigkeit Anwendung in der Praxis. Analog zu der statischen Optimierungsaufgabe im vorangegangenen Abschnitt 5.3.5 wird die dynamische Nachgiebigkeit (*dynamic compliance*)
minimiert, vgl. [12]:

$$\min_{\gamma} \sum_{\Omega} \Theta_i \quad \text{mit } \Theta_i(\Omega) = \left(\mathbf{f}^T \mathbf{u}\right)^2 \tag{5.23}$$

für die Lösung der dynamischen Bewegungsgleichung

$$\left(-\Omega^2 \mathbf{M}(\gamma) + j\Omega \mathbf{C}(\gamma) + \mathbf{K}(\gamma)\right)\mathbf{u} = \mathbf{f} . \tag{5.24}$$

Das Optimierungsergebnis ist in Abb. 5.11a dargestellt. Der Kasten wird überwiegend auf
der Oberseite und im Bereich der oberen Ecken deutlich verstärkt, zudem bildet sich eine

größere Materialansammlung in der Mitte der vorderen und rückwärtigen Seitenfläche. Gänzlich unverstärkt bleiben die untere Fläche des Kastens sowie der untere Bereich der rechten und linken Seitenfläche. Weiterhin fällt eine starke Symmetrie des Kastens sowohl in Längs-, als auch in Querrichtung auf. Die Konvergenz der Optimierung ist sehr gut, es verbleiben lediglich 2,2 % Mischelemente und der Verlauf der Zielgrößen ist stabil (vgl. Abb. 5.11b und c). Allerdings kann der Maximalpegel gegenüber der Referenzkurve kaum reduziert werden, der Summenpegel nimmt wegen der höheren Modendichte der freien Flächenteile sogar noch zu (Abb. 5.11d).

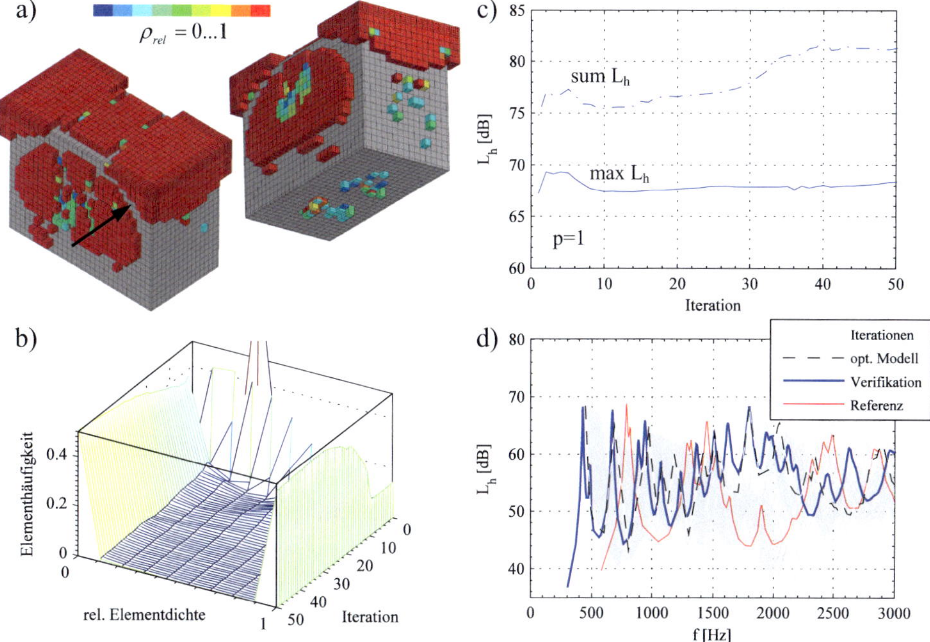

Abb. 5.11: Topologieoptimierung mit der Zielfunktion: Max dyn. Steifigkeit
($V_{rel} \leq 0{,}56$; RAMP-Materialinterpolation, $p=1$, $q=1$)
a) Materialverteilung des optimierten Designs
b) Histogramm der relativen Elementdichte ρ_{rel}, c) Konvergenzverlauf,
d) Körperschallmaß vor / nach der Optimierung

Gegenüber den zuvor ermittelten Designs verwundert es, dass insbesondere eine Verstärkung des Kastens ausgehend vom Bereich der Krafteinleitungsstelle in Richtung der Festhaltung unterbleibt. Dies liegt daran, dass die Strategie analog zu der Optimierung der statischen Steifigkeit auf ein gleichmäßig belastetes Bauteil bei dynamischer Anregung abzielt, indem die Verschiebungsarbeit minimiert wird. Betrachtet man die Verschiebungsamplituden anstatt der Schnelle, so gehen unteren Moden stärker in die Zielfunktion ein als die höheren. Hierbei erscheint es nützlich, die Masse im Bereich der Krafteinleitungsstelle zu erhöhen. Diese Beobachtung bestätigen BENDSOE UND SIGMUND [12] anhand der Verstärkung eines zweidimensionalen Rahmens unter monofrequenter Anregung. Daher kann die Zielfunktion gegebenenfalls die Schwingfestigkeit des Bauteils verbessern. Sie eignet sich nach den vorliegenden Ergebnissen jedoch weniger zur Bearbeitung akustischer Aufgabenstellungen.

5.3.7 Maximierung der 1. Eigenfrequenz

Häufig werden zur Optimierung der dynamischen Eigenschaften Moden aus bestimmten Frequenzbändern verschoben oder Eigenfrequenzen maximiert, um damit den quasistatischen Frequenzbereich unterhalb der 1. Eigenfrequenz zu vergrößern. Die folgende Optimierungsaufgabe verbessert daher die modalen Eigenschaften hinsichtlich einer maximalen ersten Eigenfrequenz und untersucht dazu den Einfluss auf das Körperschallmaß:

$$\max_{\gamma}\left\{\omega_{\min} = \min \omega_n\right\} \tag{5.25}$$

für die Lösung des Eigenwertproblems

$$\left(\mathbf{K}(\gamma) - \omega_n^{2}\mathbf{M}(\gamma)\right)\mathbf{u} = \mathbf{0} . \tag{5.26}$$

Die resultierende Materialverteilung der Optimierung zeigt Abb. 5.12a. Auch hier musste die Materialbestrafung schrittweise angehoben werden, da die zunächst verbleibenden Mischelemente die freien Flächen derart stabilisierten, dass bei der Designverifikation ohne Mischelemente zusätzliche Moden unterhalb der ersten Eigenfrequenz auftraten. Unterdessen veränderte sich im Laufe der Optimierung die Grundstruktur des Designs mehrmals grundlegend. Im finalen Design beträgt der Anteil der Mischelemente mit einer relativen Dichte zwischen 0,1 und 0,9 nur noch 3,4 % des Gesamtvolumens, wie auch dem Histogramm in Abb. 5.12c zu entnehmen ist.

Der Kasten wurde an den beiden Seitenflächen verstärkt, auf der Unterseite hat sich ein Querträger gebildet. Die überwiegend freie Oberseite wird mit Rippen im Kantenbereich verstärkt, welche sich erst im späten Verlauf der Optimierung ausbilden. Durch die Stabilisierungsmaßnahmen und die Ansammlung eines Großteils der Masse nahe an der Einspannung wird eine hohe erste Eigenfrequenz erreicht. Ein weiteres Merkmal ist die strenge Symmetrie der Materialverteilung. Diese macht sich allerdings in Verbindung mit den freien Teilflächen durch ein ausgeprägtes Schwingungsverhalten bemerkbar. Im Laufe der Optimierung ist sowohl ein starker Anstieg des maximalen Pegels als auch des Summenpegels zu verzeichnen, vgl. Abb. 5.12b. Letzterer ist in dem Körperschallmaßspektrum (Abb. 5.12d) durch die hohe Modendichte der freien Teilflächen zu begründen.

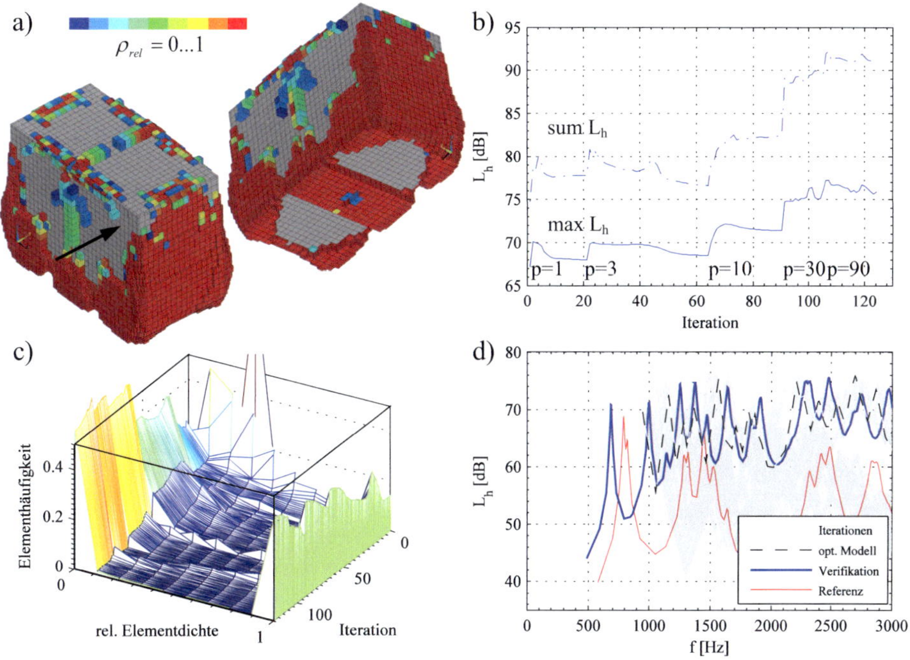

Abb. 5.12: Topologieoptimierung mit Zielfunktion: Max. 1. Eigenfrequenz
($V_{rel} \leq 0,56$; RAMP-Materialinterpolation, $p = 1...90$)
a) Materialverteilung des optimierten Designs
b) Histogramm der relativen Elementdichte ρ_{rel}, c) Konvergenzverlauf,
d) Körperschallmaß vor / nach der Optimierung

Bei genauer Betrachtung der Spektren stellt man fest, dass die erste Eigenfrequenz des optimierten Modells gegenüber dem initialen Design (Abb. 5.4d) nicht erhöht werden konnte. Dies liegt daran, dass das Ausgangsmodell aus Elementen mit einem unphysikalischen mittleren Füllgrad besteht, welche aufgrund ihrer räumlichen Ausdehnung eine hohe Biegesteifigkeit bei einer geringen Masse aufweisen. Dies bewirkt eine relativ hohe 1. Eigenfrequenz. Die Topologieoptimierung hat dieses Modell somit in eine mit herkömmlichen Fertigungsverfahren realisierbare Konstruktion überführt, welches in der Tat eine höhere erste Eigenfrequenz aufweist als die anderen optimierten Designs. Überraschenderweise führt das Entfernen der wenigen Mischelemente für die Designverifikation zu einer weiteren Resonanz unterhalb der ersten Eigenfrequenz, welche dem eigentlichen Ziel der Optimierung entgegensteht. Allerdings brachte eine Fortführung der Optimierung mit einer weiter erhöhten Materialpenalisierung keine verwertbaren Ergebnisse mehr. Dieses Phänomen konnte mit den in dieser Arbeit untersuchten Ansätzen nicht mehr beseitigt werden.

5.3.8 Gegenüberstellung der Ergebnisse

Die Darstellung aller Körperschallmaßspektren in einem Diagramm ist wegen der großen Datenfülle für eine anschauliche Auswertung nicht geeignet. Daher werden für die Gegenüberstellung zwei Einzahlwerte herangezogen: der maximale Pegel und der Summenpegel des Körperschallmaßes. Darin gehen sowohl die Größe der Resonanzamplituden, als auch die Modendichte ein, die eine gute und schnelle Einschätzung des Schwingungsverhaltens im gesamten betrachteten Frequenzbereich erlauben. Weiterhin werden sowohl die Ergebnisse der optimierten Materialverteilung, als auch der Designverifikation dargestellt. Bei letzterer werden die verbleibenden Mischelemente mathematisch auf 0 ab- bzw. auf 1 aufgerundet, um deren Einfluss auf das Schwingungsverhalten zu verdeutlichen. Die Ergebnisgrößen sind in Abb. 5.13 gegenübergestellt.

Die angegebene Masse für die einzelnen Verifikationsdesigns unterscheidet sich aufgrund der verschiedenen Anteile an Mischelementen in den Ergebnisdesigns leicht. Es gilt: je besser der Konvergenzverlauf, desto weniger Mischelemente müssen zu null abgerundet werden. Die Masse stellt hiermit auch ein Maß für die Stabilität der Optimierung und deren Konvergenzverlauf dar. Zwar werden die Geräuschpegel auch von der eingesetzten Materialmenge beeinflusst, dennoch sind dabei die Unterschiede zwischen den einzelnen Designs nicht so groß, als dass die grundsätzliche Aussagekraft der Gegenüberstellung davon beeinträchtigt würde.

Neben der Referenzgeometrie mit einer konstanten Wandstärke von 10 mm sind weiterhin zwei Kästen mit 4 mm und 20 mm konstanter Wandstärke abgebildet, welche den gefrorenen bzw. vollen Designbereich repräsentieren. Das initiale Design aus gefrorenen Elementen und Mischelementen im Designbereich weist gegenüber der Referenz trotz gleicher Masse einen um 2,2 (max.) bzw. 6,0 dB (sum.) geringeren Pegelwert auf, da sich die größere räumliche Ausdehnung der Mischelemente positiv auf die Biegesteifigkeit auswirkt und damit die Ausprägung der Biegewellen behindert.

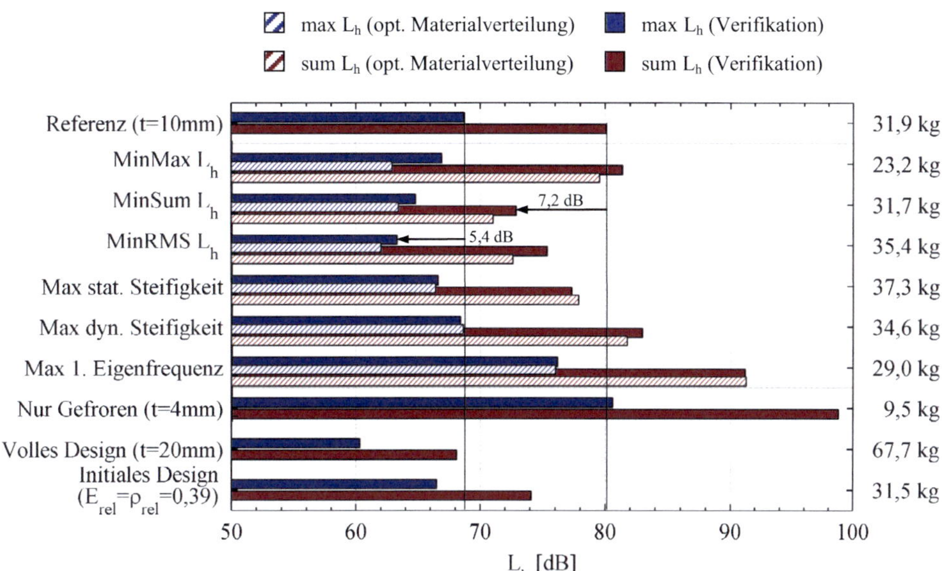

Abb. 5.13: Übersicht der Ergebnisse für die Topologieoptimierung des Kastens mit unterschiedlichen Zielfunktionen bei optimierter Materialverteilung und daraus abgeleitetem Verifikations-Design mit 0-1-Materialverteilung unter Angabe dessen Bauteilgewichts

Weiterhin fällt auf, dass ausgehend von der optimierten Materialverteilung durch das Entfernen der Mischelemente bei den meisten Optimierungsergebnissen die Verifikationsdesigns höhere Pegel aufweisen, und zum Teil sogar signifikant ansteigen. Der Maximalpegel der MinMax-Optimierung liegt nun sogar über denjenigen der MinSum- und MinRMS-Optimierung. Die MinSum-, wie auch die MinRMS-Optimierung, haben sich in dieser Hinsicht als robuster erwiesen, die Zunahme der Pegel fällt moderat aus. Unter allen Optimierungsläufen weist die MinSum-Optimierung den geringsten Summenpegel auf und liegt um 7,2 dB unterhalb des Referenzdesigns. Die höchste Reduktion des maximalen Pegels, um 5,4 dB, erreicht die MinRMS-Optimierung. Diese beiden Optimierungsstrategien zeigen auch ein großes Potential der strukturakustischen Topologieoptimierung im Bereich höherer Frequenzen, da dort die vorwiegend lokal auftretenden Moden besonders gut zu beeinflussen sind.

Von den übrigen Optimierungsläufen kann lediglich die statische Steifigkeitsmaximierung die Pegel des Referenzdesigns unterbieten. Diese erreicht jedoch nicht die Ergebnisse der beiden vorgenannten Designs. Die Maximierung der dynamischen Steifigkeit liegt in etwa auf Höhe der Referenz, die Eigenfrequenzoptimierung weist erheblich höhere Pegelwerte auf.

Dies zeigt, dass die drei letztgenannten Optimierungsansätze nicht oder nur bedingt zur Verbesserung der Geräuscheigenschaften geeignet sind.

Die Schallabstrahlung des untersuchten Kastens wird durch Biegewellen dominiert. Dabei ist der Anteil der verbleibenden Mischelemente als kritisch für die Verifikation der Optimierungsergebnisse anzusehen. Der Anteil konnte durch den Neustart der Optimierung mit schrittweise erhöhter Materialbestrafung signifikant vermindert, jedoch nicht in allen Fällen völlig beseitigt werden. Weitergehende Ansätze wären eine kontinuierlich ansteigende Materialbestrafung zur Erleichterung der Handhabung im Sinne eines automatisierten Optimierungsablaufes. Darüber hinaus könnte sich eine explizite Materialbestrafung als wirksam darstellen, welche direkt in der Zielfunktion oder als Restriktion in der Problemstellung berücksichtigt werden könnte, vgl. [2], [23], [146]. Da zum Zeitpunkt der Ausarbeitung diese Funktionalitäten in der verwendeten Optimierungssoftware nicht verfügbar waren, kann an dieser Stelle deren Wirksamkeit nicht abschließend geprüft werden.

Bei fast allen Designs ist bei der Verifikationsrechnung eine Zunahme der Schallpegel gegenüber der optimierten Materialverteilung zu verzeichnen. Da es sich bei diesen Designs immer noch um recht kantige Strukturen handelt, ist vorstellbar, dass bei einer Glättung der Struktur das Material effektiver eingesetzt werden kann und sich diese Differenz wieder etwas relativiert. Gleiches könnte sich bei einer Optimierung mit einer noch feineren Vernetzung abzeichnen.

6 Strukturoptimierung der Gehäusebaugruppe

Vor Durchführung einer automatisierten Strukturoptimierung wird die Gehäusebaugruppe einer Schwachstellenanalyse unterzogen. Damit werden die Bauteilbereiche mit dem ausgeprägtesten Schwingungsverhalten hinsichtlich Amplitude und Oberflächenanteil lokalisiert und auf Basis von Erfahrungen konstruktive Abstellmaßnahmen entwickelt. Da diese Maßnahmen an den Bereichen mit der größten Schwachstelle angreifen, erzielen diese eine ausgeprägte Wirkung. Zudem wird die Maskierung von möglichen Verbesserungen durch die verbleibenden Schwachstellen vermieden.

Anschließend wird in dem verbesserten Modell das Gehäuse durch eine Bauraumgeometrie ersetzt. Es enthält dabei alle relevanten Triebwerksbauteile und Randbedingungen der kompletten Axialkolbeneinheit. Mit Hilfe der Topologieoptimierung wird das Gehäuse im Hinblick auf eine möglichst geringe Schallleistung der Axialkolbeneinheit optimiert.

6.1 Schwachstellenanalyse des Deckels

Bei einem relativen Vergleich der einzelnen Teilflächen in Abb. 4.5 fällt im Bereich der lokalen Schwingformen ab 1000 Hz die besondere Schwingbereitschaft des Deckels im Vergleich zum Gehäuse sowohl in der Simulation, als auch der Messung auf. Bei der weiteren Untersuchung von einzelnen Schwingformen nach lokalen Schwachstellen wird insbesondere bei 2600 Hz der Deckel als problematisch identifiziert, mit einer Schallleistung von fast 70 dB (Abb. 4.3) in einem für das menschliche Gehör besonders sensitiven Frequenzbereich. Zur Verminderung der Bewegungsamplituden wird der Deckel durch eine kleinere Abdeckung ersetzt, und anstatt mit 4 außen liegenden Schrauben mit 3 Schrauben in geringem Abstand zueinander innerhalb der Zentrierung der Anschlussplatte befestigt (Abb. 6.1). Zum einen wird damit die Oberfläche des Deckels stark verkleinert, zum anderen sorgen die verkürzten Verschraubungsabstände für eine verbesserte Festhaltung des Deckels. Neben den akustischen Gesichtspunkten ist ein weiterer Vorteil der geringere Materialeinsatz zur Fertigung des Bauteils.

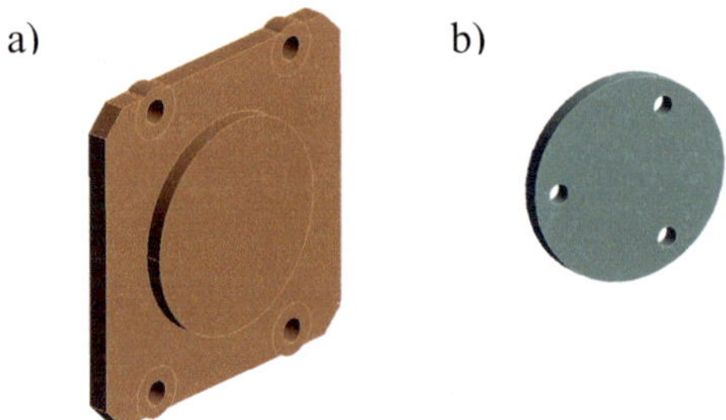

Abb. 6.1:   a) ursprünglicher Deckel (groß)
             b) verbesserte Ausführung (klein)

Das Verbesserungspotential durch die Modifikation des Deckels zeigt Abb. 6.2. Während sich im Frequenzbereich bis 1000 Hz nur geringe Änderungen ergeben, verschwindet die Schwingform des Deckels bei 2600 Hz vollständig, so dass sich dort der Pegel um über 14 dB reduziert. Auch andere Schwingformen im Bereich von 1500 bis 3800 Hz profitieren durch eine geringfügige Verminderung des Pegels.

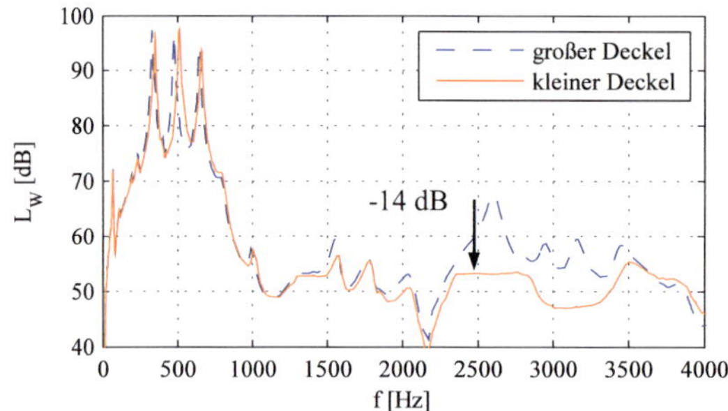

Abb. 6.2:   Schallleistung der ursprünglichen (großer Deckel) und
             verbesserten Ausführung (kleiner Deckel)

Für die besonders kritische Frequenz von 2600 Hz ist die Oberflächenschnelle $\tilde{v}_N$ als Konturplot in Abb. 6.3 dargestellt. Man beachte dabei die unterschiedlichen Skalierungen der Konturplots in Abb. 6.3a und b, wodurch die großen Unterschiede verdeutlicht werden. Während bei dem ursprünglichen Deckel ausschließlich dieser das Schwingungsverhalten dominiert, tragen beim kleinen Deckel auch andere Bauteilbereiche zur Geräuschabstrahlung bei, wobei die Amplituden um eine Größenordnung unterhalb derer des großen Deckels liegen.

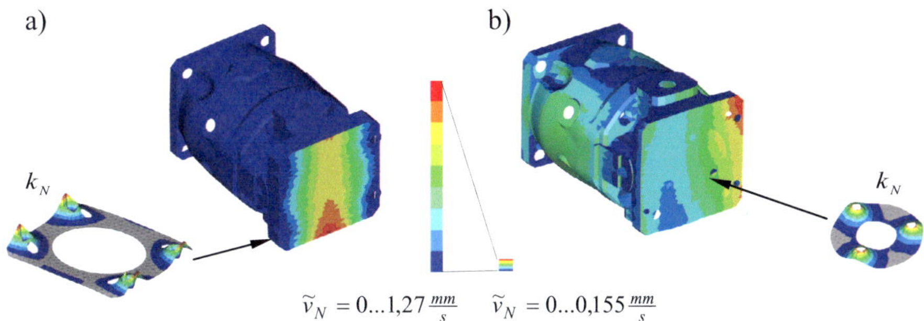

Abb. 6.3:   Konturplot der Oberflächenschnelle bei 2600 Hz
und die Verteilung der Normalsteifigkeit k_N in der Fügestelle
a) großer Deckel, b) kleiner Deckel

Möglicherweise wird die Reduktion des Schallleistungspegels in der Realität etwas geringer ausfallen. Da bei der ursprünglichen Konstruktionsvariante große Relativbewegungen im Bereich des Deckels auftreten, ist von einer größeren Energiedissipation als bei der kleinen Deckelvariante auszugehen. Dies wird durch die Zusammenfassung der Fügestellendämpfung in der globalen Dämpfung in der Berechnung nicht berücksichtigt, dennoch ist eine deutliche Verbesserung auch in der Realität zu erwarten. Neben einer Reduktion des Schallleistungspegels bewirkt der kleinere Deckel einen angenehmeren Klang der Einheit. Die Tonalität des Geräusches wird durch Beseitigung der Resonanz in einem für das menschliche Gehör besonders sensiblen Frequenzbereich reduziert.

6.2 Topologieoptimierung des Gehäuses

6.2.1 Bauraummodell und Problemstellung

Die Topologieoptimierung des Pumpengehäuses wird unter Verwendung des Gesamtmodells der Axialkolbeneinheit (vgl. Abb. 3.2) nach der in Kapitel 4 beschriebenen Vorgehensweise durchgeführt, in dem neben dem Triebwerk die Randbedingungen als CMS-Substrukturen enthalten sind und die Fügestellen durch PDJ-Kontakte modelliert werden. So kann deren Einfluss auf das Schwingungsverhalten bereits während der Optimierung berücksichtigt werden. Als Deckel wird die verkleinerte Variante aus Abb. 6.1b verwendet, um eine weitere Optimierung in diesem Frequenzbereich zu ermöglichen und die Maskierung einer reduzierten Gehäuseschwingung durch den Deckel zu verhindern. Das Modell enthält insgesamt

329.000 Knoten und 191.000 Elemente. Das Gehäuse wird durch ein in Abb. 6.4 dargestelltes Bauraummodell mit 85.000 Elementen ersetzt, davon 38.000 im Designbereich.

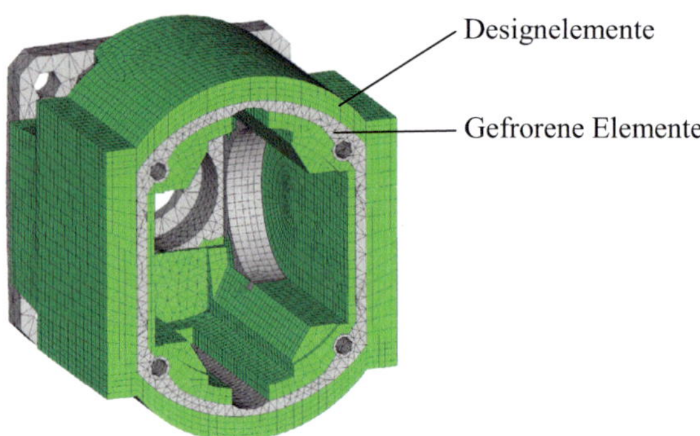

Abb. 6.4:   Bauraummodell des Pumpengehäuses

Auch dieses Problem wird als Verstärkungsaufgabe (*reinforcement*) formuliert, indem eine gegebene, dünnwandige Gehäuseform durch zusätzliches Material verstärkt werden soll. Ebenso sind die Funktionsflächen eingefroren und mit der Gehäusewand verbunden, damit eine Entkopplung der Krafteinleitungsstellen vom Gehäuse als optimale, aber nicht praktikable Designlösung ausgeschlossen wird. Die zu optimierende Schwingungsantwort wird an 17.000 Knoten auf der Außenseite der gefrorenen Gehäusewand, sowie der Oberfläche von Anschlussplatte und kleinem Deckel ausgewertet.

Für die Anregung wird die Einhüllende des Spektrums verwendet, damit keine Unstetigkeiten in der Zielfunktion bei veränderter Frequenzlage der Moden auftreten. Die Auswertung der Frequenzschritte erfolgt aus Effizienzgründen ausschließlich an den Resonanzstellen. Zur Vermeidung von Tilgern im Designbereich werden wie bei der Optimierung des Kastens mehrere Gussrestriktionen mit Entformungsrichtung nach innen bzw. außen definiert.

In ersten Versuchen hat sich gezeigt, dass nicht alle sichtbaren Resonanzen in dem Schwingungsverhalten des Gehäuses begründet sind, sondern mitunter durch die Triebwerksbauteile im Gehäuseinnern verursacht werden. Infolgedessen ist die Verwendung der *q-mean-Norm* (5.15) mit einer linearen Gewichtung der einzelnen Anteile von Vorteil ($q = 1$). Bereits bei der Optimierung des Kastens hatte sich gezeigt, dass sich damit der Summenpegel effektiv vermindern lässt. Somit sollte der Optimierungsalgorithmus auch Resonanzen des Gehäuses effektiv vermindern können, wenn diese von höheren, allerdings nicht beeinflussbaren Amplituden des Triebwerks umgeben sind. Weiterhin war in ersten Testläufen zu beobachten, dass eine Optimierung des gesamten Frequenzbereiches in einer einzigen Zielfunktion nicht zielführend ist. Wie aus Abb. 4.3 zu erkennen ist, dominieren die Anteile des unteren Frequenzbereichs den Gesamtpegel. Diese Starrkörperschwingformen werden jedoch überwiegend von der Befestigungssituation beeinflusst, so dass der Effekt durch eine Umverteilung des Materials in dem gegebenen Designraum gering ist. Da das Potential der strukturakustischen Topologieoptimierung überwiegend in den höheren Frequenzanteilen liegt, wird folgende Aufgabe definiert:

$$\min_{\gamma} \Theta_2(\gamma) \ \text{mit} \ \Theta_2 = \frac{1}{N} \sum_{f=1000Hz}^{5500Hz} (\Theta(f)) \tag{6.1}$$

unter der Restriktion, dass sich die Schallleistung im unteren Frequenzbereich gegenüber Iteration 0 nicht verschlechtert,

$$\Theta_1(\gamma) \le \Theta_{1,0} \ \text{mit} \ \Theta_1 = \frac{1}{N} \sum_{f=0Hz}^{1000Hz} (\Theta(f)) \tag{6.2}$$

sowie einer Volumenrestriktion für den Designbereich:

$$V_{rel} \le 0,4 \tag{6.3}$$

Der Aufwand für die Durchführung der Optimierungsrechnung ist in Tab. 6.1 aufgelistet. Gegenüber der Optimierung des Kastens (Tab. 5.1) fällt ein deutlicher Mehraufwand für die Aufbringung der Pseudolast auf. Dies liegt an dem zusätzlichen Berechnungsschritt zur Projektion der Ergebnisse auf die konvexe Gehäuseoberfläche und bietet noch Potential zur weiteren Verbesserung der Berechnungsdauer. Dennoch liegt der Gesamtaufwand zur Optimierung des komplexen Modells mit nur ca. 2 Stunden pro Iteration in einem annehmbaren Bereich, so dass die Dauer für die Berechnung von 100 Iterationen rund 8 Tage beträgt.

Tab. 6.1:   Berechnungsaufwand zur Optimierung des Pumpenmodells pro Iteration
(HP z800 mit Intel i7 2,27 GHz, 2x4 Kerne, 24 GB RAM)

Berechnungsschritt	Dauer [min]	
Modalanalyse (QRDamp)	21	109 Moden
Harmon. Analyse + Expansion	23	91 Freq.
Aufbringung der Pseudolast	17	
Harmon. Analyse + Expansion	23	91 Freq.
(autom. Postprocessing)	(7)	
Summe FE-Berechnung	**84**	
Import der FE-Ergebnisse	5	91 Freq.
Sensitivitätsberechnung und Filter	28	
Summe Optimierung	**33**	
Summe Zeit pro Iteration	**117**	1:57 Std.

6.2.2 Optimierungsergebnis

Das Ergebnis der Topologieoptimierung des Gehäuses ist in Abb. 6.5a dargestellt. Auffällig ist zunächst die asymmetrische Gestaltung des Pumpengehäuses. Während im unteren Bereich kräftige Dome von der Schwenkwiegenlagerung zu den Verschraubungspunkten mit der Anschlussplatte geführt werden, werden diese im oberen Gehäusebereich deutlich schwächer ausgeführt. Beide Seitenwände des Gehäuses werden aufgedickt, wenngleich diese sich im Detail unterscheiden. Auf der linken Seite liegt der Schwerpunkt der Aufdickung auf einem Streifen in der unteren Hälfte der Seitenfläche von der Anschlussplatte bis zum Pumpenflansch. Auf der gegenüberliegenden Seite wird die Aufdickung durch eine Freisparung im Bereich der Schwenkwiegenlagerung unterbrochen. Stattdessen wird die Aufdickung oberhalb durch eine punktförmige Masseansammlung ergänzt.

Auch die Ober- und Unterseite des Gehäuses wird asymmetrisch verstärkt. Dabei wirken die Freisparungen als Festkörpergelenk zur Entkopplung der Biegeschwingungen. Die unterschiedlichen Wanddicken wirken sich für umlaufende Biegewellen als Impedanzsprünge aus und führen zu einer Streuung bzw. Reflektion der Schwingungen. Bei symmetrischen Strukturen treten die Resonanzen der einzelnen Teilbereiche bei der gleichen Eigenfrequenz auf, wodurch die Schwingungsenergie nahezu verlustfrei ausgetauscht werden kann. Dieser Effekt ist gut an bekannten Strukturen wie einer Stimmgabel oder Glocke zu beobachten, die ein sehr ausgeprägtes Schwingungsverhalten besitzen. Die hier vorliegende Asymmetrie verstimmt das Gehäuse, so dass sich die Schwingung mangels Energiespeicherung nicht verstärken kann, und zu einer Minderung der Schwingungsamplituden führt. Weiterhin führt diese aus psychoakustischer Sicht zu einer angenehmeren Geräuschwahrnehmung, da verstimmte Klänge im Vergleich zu reinen Tönen im Allgemeinen als weniger aufdringlich empfunden werden. Zudem ist von einer erhöhten Robustheit des Klangbildes auszugehen, da asymmetrische Strukturen gegenüber Fertigungsabweichungen toleranter sind als symmetrische.

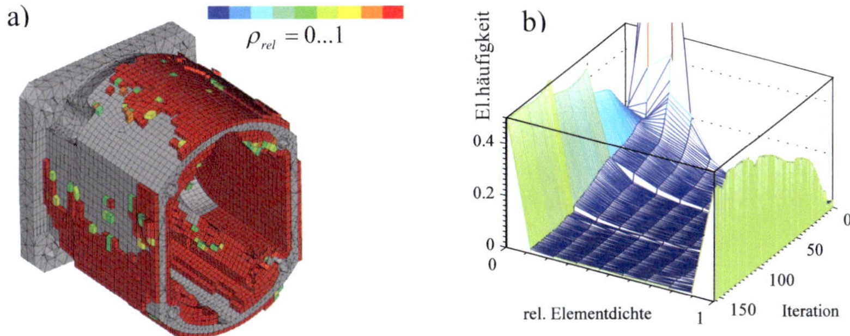

Abb. 6.5:   Topologieoptimierung des Pumpengehäuses
($V_{rel} \leq 0{,}4$; RAMP-Materialinterpolation, $p = 1...10$, $q = 1$)
a) Materialverteilung des optimierten Designs,
b) Histogramm der relativen Elementdichte ρ_{rel}

Die Optimierung zeigt ein schnelles und stabiles Konvergenzverhalten, wie in Abb. 6.5b zu erkennen. Bereits nach 150 Iterationen konnte der Anteil der Mischelemente auf 7,5 % reduziert werden. Der geringe Anteil der verbleibenden Mischelemente macht sich auch bei der Verifikation der optimierten Materialverteilung bemerkbar, sichtbar durch die gute Übereinstimmung der Kurvenverläufe in Abb. 6.6.

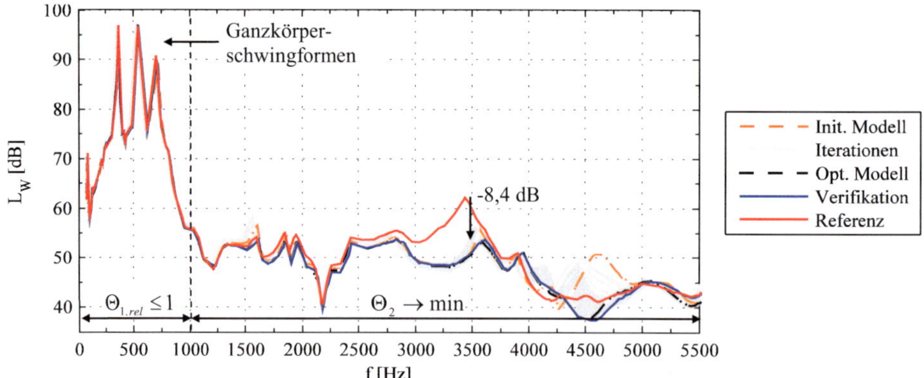

Abb. 6.6:   Topologieoptimierung der Axialkolbeneinheit: Schallleistung des
             optimierten Gehäuses und Referenz mit konst. Wandstärke.
             Alle Kurven mit verkleinerter Deckelausführung

Gegenüber einem Referenzgehäuse mit konstanter Wandstärke und gleicher Masse ergibt
sich oberhalb von 1000 Hz über den gesamten optimierten Frequenzbereich eine Verbesserung. Sämtliche Resonanzstellen können auf unter 54 dB reduziert werden. Insbesondere für
die Ovalisierung des Gehäuses kann gegenüber der Referenz eine Reduktion von 8,4 dB bei
einer Erhöhung der Eigenfrequenz um 180 Hz erreicht werden. Die zugehörige Oberflächenschnelle zeigt Abb. 6.7, die jeweils auf die maximal auftretende Amplitude skaliert ist. Die
Amplituden des Gehäuses liegen nun in derselben Größenordnung wie die der übrigen Pum-
penstruktur. Weitere Darstellungen des optimierten Abstrahlverhaltens finden sich im Anhang, Abb. A.10.

Für einzelne Resonanzstellen (z.B. 1830, 2420 Hz) ist erkennbar, dass die Amplitude nur
geringfügig reduziert wurde. Hier handelt es sich um Resonanzen des Befestigungsflansches,
welche durch den Designbereich nicht beeinflusst werden können. Trotz dieser unveränderli-
chen Amplituden können auch Resonanzen mit geringeren Amplitudenwerten durch das Optimierungsverfahren weiter reduziert werden, beispielsweise um 4500 Hz. Durch die lineare
Gewichtung der Zielfunktion kann auch deren geringe Sensitivität ausreichend in dem Optimierungsergebnis berücksichtigt werden.

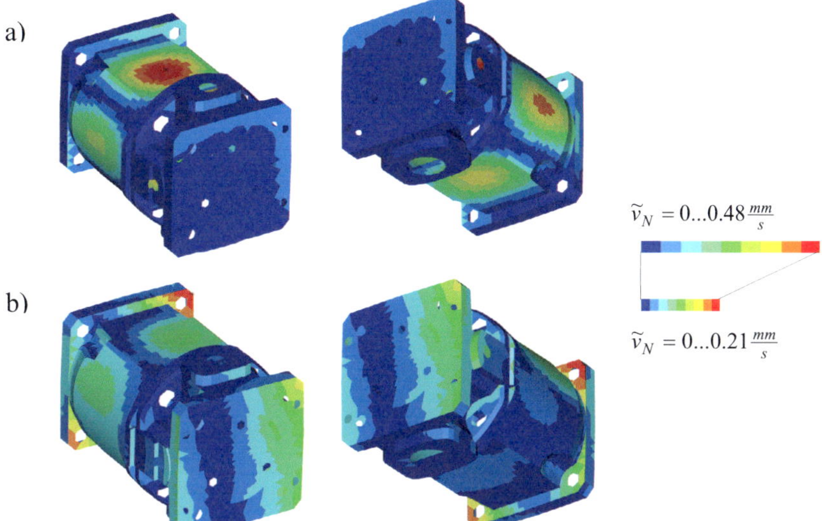

Abb. 6.7:   Plot der Oberflächenschnelle für die Ovalisierungsschwingform
a) Referenzgehäuse mit konstanter Wandstärke (3420 Hz),
b) Topologieoptimiertes Gehäuse (3600 Hz)

Man mag einwenden, dass durch das in Abb. 6.6 dargestellte Optimierungsergebnis gegenüber dem initialen Design nur eine geringfügige Verbesserung erreicht wurde. Tatsächlich besteht der Designbereich des anfänglichen Berechnungsmodells aus unphysikalischen Mischelementen. Insofern wird die Struktur in ein fertigbares Bauteil umgestaltet, während sich die Geräuscheigenschaften nochmals leicht verbessern.

7 Zusammenfassung und Ausblick

7.1 Zusammenfassung

Axialkolbeneinheiten zeichnen sich durch zahlreiche Vorteile wie hohe Leistungsdichte und Robustheit aus, neigen jedoch prinzipbedingt zu erhöhter Geräuschemission. In Zeiten steigender Komfortanforderungen besteht im Zuge der Virtualisierung der Produktentwicklung der Bedarf an systematischen Methoden, um über empirische Versuchsreihen hinaus gezielte Maßnahmen zur Verbesserung des Geräuschverhaltens abzuleiten.

Die vorliegende Arbeit beschreibt ein Finite-Elemente-Modell zur Schwingungsvorhersage einer Axialkolbeneinheit auf Basis physikalischer Teilmodelle und zeigt die Anwendung der Topologieoptimierung für die automatisierte Reduktion der direkten Schallabstrahlung. Hierzu wird an Methoden aus verschiedensten Bereichen der Strukturdynamik angeknüpft.

Das entwickelte Modell ermöglicht die Analyse des strukturakustischen Verhaltens und erweitert das Verständnis von Geräuschentstehung bzw. -weiterleitung. Die Ergebnisse zeigen, dass für eine valide Modellierung die sukzessive Gegenüberstellung mit Versuchen von entscheidender Bedeutung ist. Das Modell wird hierbei jeweils um eine zusätzliche, unvalidierte Modellierungskomponente erweitert. Die Vorgehensweise erlaubt so Rückschlüsse auf die Ursachen möglicher Abweichungen und die eindeutige Identifikation unbekannter Modellparameter.

Für die internen Koppel- und Lagerstellen des Triebwerks konnte auf vorhandene Arbeiten aufgebaut werden. Für die Beschreibung der Fügestellen und Randbedingungen, die das Schwingungsverhalten des Gehäuses maßgeblich beeinflussen, waren weitere Untersuchungen erforderlich. Erst durch Berücksichtigung der lokalen Kontaktverhältnisse in den verschraubten Fügestellen kann das gemessene Schwingungsverhalten abgebildet werden. Die Kontaktparameter werden mit den Ergebnissen der experimentellen Modalanalyse abgeglichen. Während anfangs das Simulationsmodell einige Schwingungsmoden überhaupt nicht wiedergibt, liegen anschließend die Abweichungen der zugehörigen Eigenfrequenzen über einen weiten Frequenzbereich bis zu 14 kHz im Bereich der Messgenauigkeit.

Die Einspannung der Komponente bestimmt das Schwingungsverhalten insbesondere im unteren Frequenzbereich bis 1 kHz. Wegen der beschränkten Zugänglichkeit kann die festhaltende Struktur nur in geringem Umfang untersucht werden, so dass übliche Modellkorrekturverfahren angesichts mehrfach auftretender Schwingformen nicht eingesetzt werden können. Stattdessen werden die Randbedingungen als modale Substruktur auf Basis von Experimentaldaten in das hybride Modell integriert. Das Modell zeigt eine sehr gute Wiedergabe sowohl der Ganzkörperschwingformen um die Einspannung, als auch der lokalen Moden von Gehäuse und Deckel.

Das berechnete Betriebsschwingungsverhalten wird anhand der gemittelten Oberflächenschnelle mit Ergebnissen der akustischen Nahfeldholografie gegenübergestellt. Die Simulation kann alle ausgeprägten Resonanzstellen mit einer geringen Frequenzabweichung wiedergeben. Bis 1 kHz liegen die Schwingungsamplituden von Simulation und Messung in derselben Größenordnung, darüber erweisen sich die berechneten Schnellepegel etwa um 20 dB geringer als die der Messung. Die Ursache für die Abweichung wird u.a. auf die Vernachlässigung von höherfrequenten Anregungs- und transienten Stoßvorgängen zurückgeführt.

Der Einsatz der strukturakustischen Topologieoptimierung beschränkte sich bisher auf einfache, meist plattenförmige Beispiele. Daher wird zunächst eine numerische Versuchsreihe an einer dreidimensionalen Kastenstruktur vorgestellt, um die Optimierungsstrategie hinsichtlich räumlicher Strukturen zu verfeinern. Dem für eine Designverifikation problematischen Einfluss von verbleibenden Mischelementen wird durch eine schrittweise Anhebung der Materialpenalisierung erfolgreich begegnet. Es werden verschiedene Gewichtungsformulierungen der multimodalen Zielfunktion mit herkömmlichen Zielgrößen der Topologieoptimierung wie Maximierung der statischen bzw. dynamischen Steifigkeit, sowie Maximierung der 1. Eigenfrequenz, verglichen. Den geringsten Summenpegel erreicht die Strategie zur Minimierung des Summenpegels (MinSum) mit einer Verbesserung von 7,2 dB gegenüber einem Referenzkasten konstanter Wandstärke. Die größte Reduktion des maximalen Körperschallmaßpegels um 5,4 dB gegenüber der Referenz kann durch Minimierung des quadratischen Mittelwerts (MinRMS) erreicht werden.

Vor der Anwendung der Topologieoptimierung an der Axialkolbeneinheit wird eine Schwachstellenanalyse durchgeführt. Durch Ersetzen des großen Deckels mit einer kleineren Ausführung zeigt die Simulation ein Verbesserungspotential der Schallleistung von 14 dB im Bereich der Deckelresonanz.

Mit der verbesserten Deckelvariante wird die Topologieoptimierung des Gehäuses unter Verwendung der zuvor entwickelten Optimierungsstrategie durchgeführt, um die mittlere Schnelle von 17.000 Knoten auf der Pumpenoberfläche zu minimieren. Das Konvergenzkriterium wird bei 38.000 Designelementen und etwa 100 Moden im interessierenden Frequenzbereich bereits nach 150 Iterationen erreicht. Das Ergebnisdesign zeichnet sich durch eine asymmetrische Gestaltung aus. Das so verstimmte Gehäuse erreicht gegenüber einem Referenzgehäuse mit konstanter Wandstärke über den gesamten optimierten Frequenzbereich von 1000...5500 Hz einen geringeren Schallleistungspegel, bei gleichbleibender Schallabstrahlung unterhalb von 1000 Hz. Insbesondere im Bereich der Ovalisierungsmode bei 3450 Hz kann der Pegel um 8,4 dB gesenkt werden. Da das menschliche Gehör in diesem Frequenzbereich besonders empfindlich ist, wird ein deutlich angenehmerer Klang der Einheit erwartet.

Die Anwendung der strukturakustischen Topologieoptimierung an dem komplexen Modell einer Axialkolbeneinheit demonstriert anschaulich deren Verbesserungspotential über einen weiten Frequenzbereich. Die verschiedenen Konstruktionsmerkmale des optimierten Designs gehen über eine intuitive Gehäusegestaltung weit hinaus und geben neue Anhaltspunkte und Ideen für den Konstrukteur hinsichtlich lokaler Versteifungen und Freisparungen zur Entkopplung von Schwingungen. Verbesserungen sind überwiegend im höheren Frequenzbereich zur Beeinflussung lokaler Moden zu erwarten. Im tiefen Frequenzbereich wird das Schwingungsverhalten zu sehr durch die Randbedingungen beeinflusst, so dass hier die Optimierung an der Flanschsituation oder der globalen Gehäuseform angreifen müsste.

7.2 Ausblick

Die Arbeit zeigt anschaulich, dass bei strukturdynamischen Analysen über die reinen Berechnungsverfahren hinaus physikalische Teilmodelle für die Kopplung der einzelnen Bauteile erforderlich sind. Durch die Weiterentwicklung und Standardisierung solch generischer Maschinenelemente kann, unabhängig vom konkreten Einsatzfall, die Aussagekraft von Simulationen weiter gesteigert und die Handhabung sicherer und einfacher gestaltet werden.

Oft sind verschraubte Strukturen zu analysieren. Aufwendige Modellabgleiche können entfallen, wenn das konstitutive Kontaktgesetz in Abhängigkeit von üblichen Oberflächenkenngrößen verallgemeinert wird. Wie in der vorliegenden Anwendung werden die Schrauben aus Gründen der Funktionssicherheit oft sehr fest angezogen und weisen dann ein gutmütiges, überwiegend lineares Verhalten auf. Die modale Substruktur der Einspannung sollte vor der Einbindung regularisiert werden. Hierzu können berechnete Schwingungsmoden zum Einsatz kommen, die entgegen der Messung keine Rauschanteile beinhalten und somit eine geringe Verzerrung aufweisen.

Für eine verbesserte Abbildung der Triebwerksdynamik stellt sich die grundsätzliche Frage, ob dessen nichtlineares Verhalten angesichts der zahlreichen geschmierten Koppel- und

Lagerstellen eine Simulation im Zeitbereich erfordert. In Zuge dessen ist es denkbar, dass damit weitere, bisher unberücksichtigte Anregungsmechanismen Eingang in das Modell finden, um die Lücke bei der quantitativen Abbildung der Amplituden im Frequenzbereich oberhalb von 1 kHz zu schließen.

Bezüglich der Topologieoptimierung konnte eine probate Strategie zur Verbesserung der strukturakustischen Eigenschaften entwickelt werden, die sich auf weitere Anwendungen oder andere Optimierungsverfahren übertragen lassen. Für die Vermeidung von Mischelementen wurde der Ansatz einer ansteigenden Materialbestrafung gewählt. Andere Arbeiten verwenden eine explizite Materialbestrafung. Hier sollte untersucht werden, ob sich mit diesem Ansatz oder einer Kombination aus beiden Verfahren die Konvergenzgeschwindigkeit weiter verbessern lässt.

Bereits heute lässt sich die in dieser Arbeit beschriebene Vorgehensweise als Ganzes oder einzelne Bestandteile daraus auch auf andere Anwendungen in der Maschinenakustik wie beispielsweise Getriebegehäuse übertragen. Alleine durch das bessere Verständnis der Wirkmechanismen oder der Anwendung zusätzlicher experimenteller Analyseverfahren können Schwachstellen schneller erkannt und gezielt Abhilfemaßnahmen entwickelt werden.

A Darstellung exemplarischer Schwingformen

Im Folgenden werden einige Schwingformen exemplarisch dargestellt, um das Verständnis verschiedener Abbildungen in der vorliegenden Arbeit zu verbessern. Aufgrund der Vielfalt an unterschiedlichen Strukturen wurde eine Auswahl getroffen, um einen grundlegenden Eindruck über das dynamische Verhalten zu geben. Die Frequenzangaben beziehen sich jeweils auf die experimentell ermittelte Schwingform. Aufgrund der ausgezeichneten Übereinstimmung der Schwingformen von Experiment und Simulation bei den Einzelteilen wird auf eine Darstellung der berechneten Schwingformen verzichtet.

A.1 Modale Schwingformen

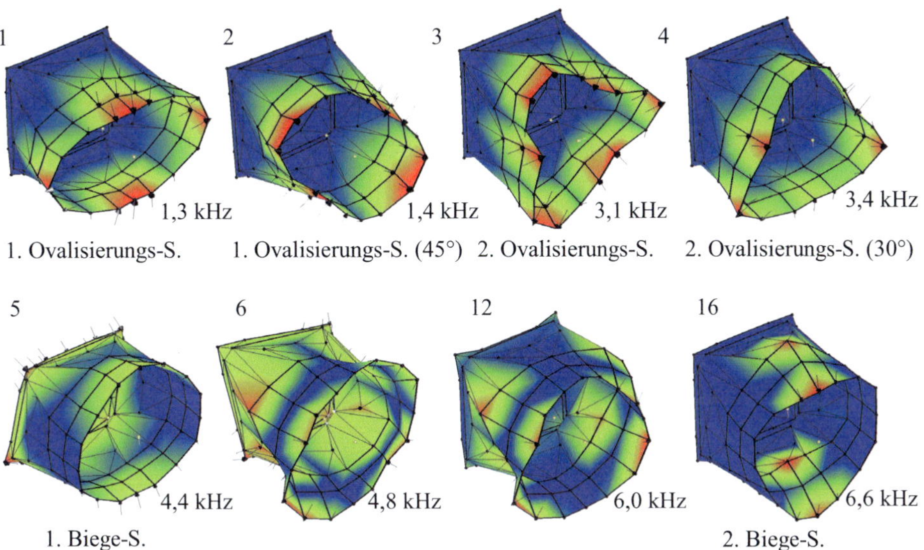

Abb. A.1: Ausgewählte Modale Schwingformen des Gehäuses, Messung – frei/frei

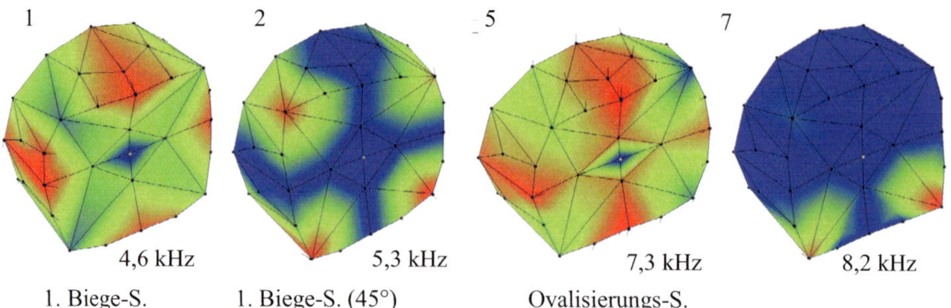

Abb. A.2: Ausgewählte Modale Schwingformen der Anschlussplatte, Messung – frei/frei

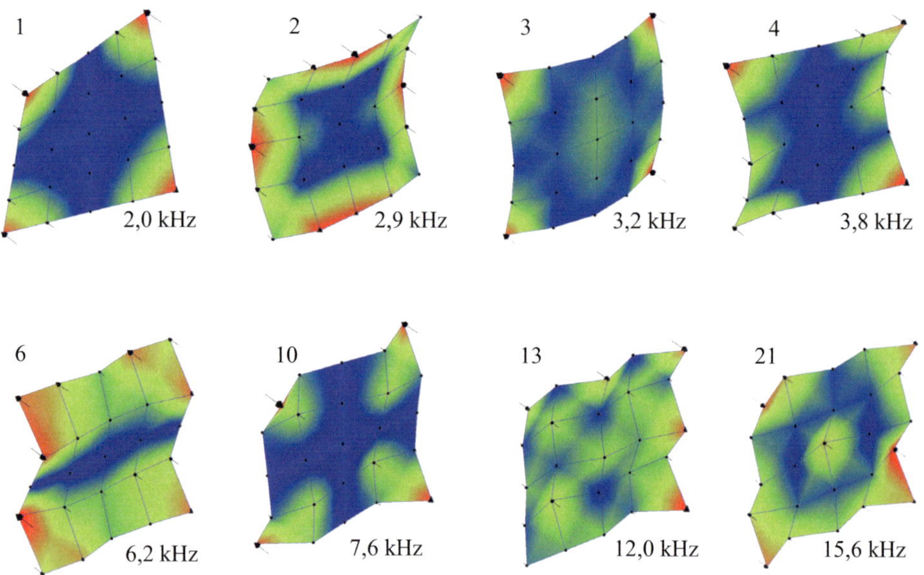

Abb. A.3: Ausgewählte Modale Schwingformen des Deckels, Messung – frei/frei

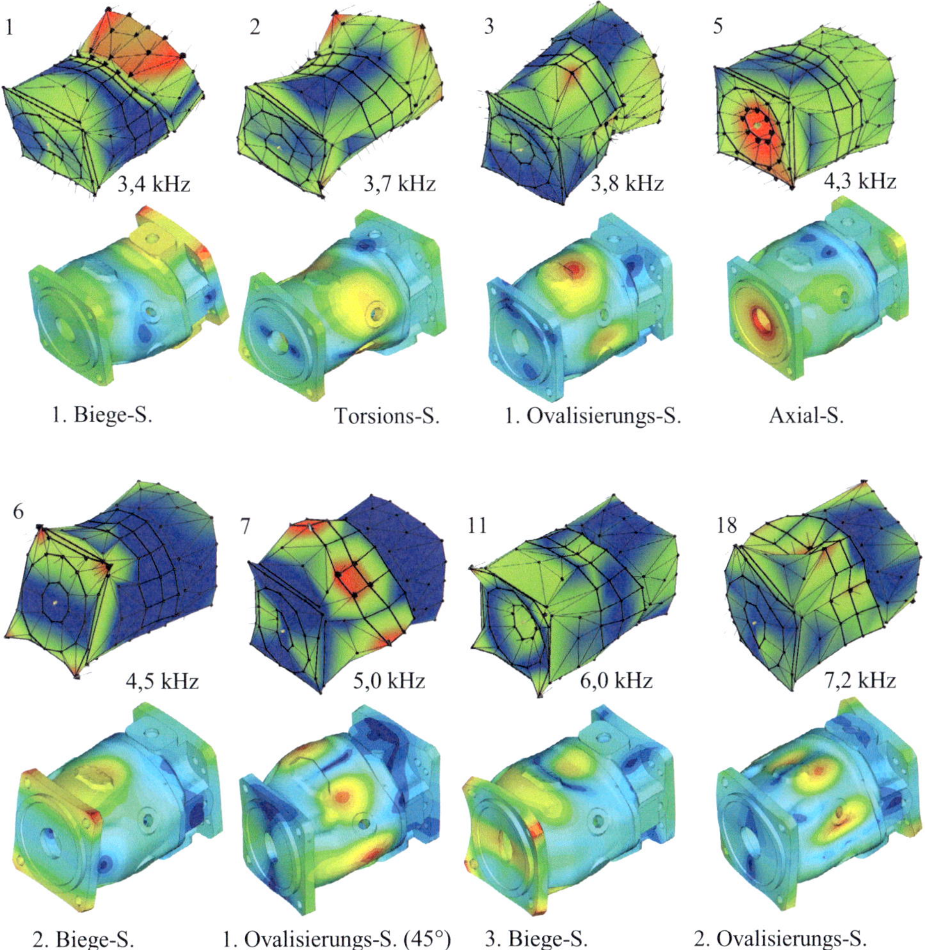

Abb. A.4:   Ausgewählte Modale Schwingformen des Gehäuses + Anschlussplatte, Messung und FE-Simulation, Randbedingung frei/frei

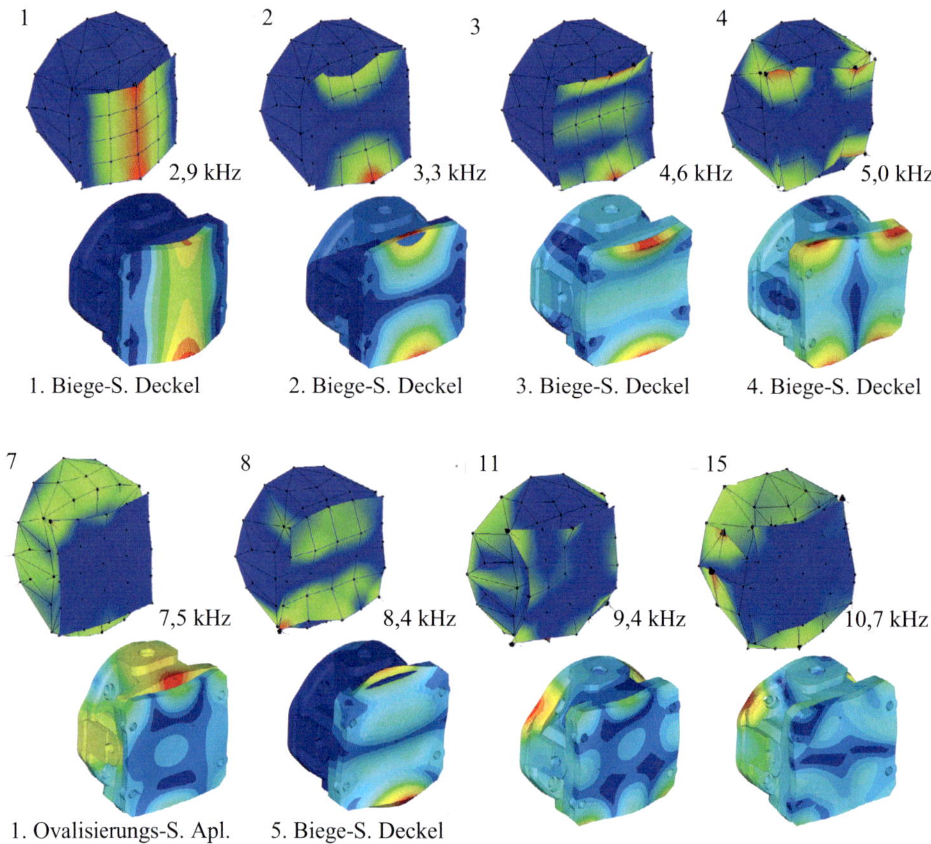

Abb. A.5:   Ausgewählte Modale Schwingformen der Anschlussplatte + Deckel,
Messung und FE-Simulation, Randbedingung frei/frei

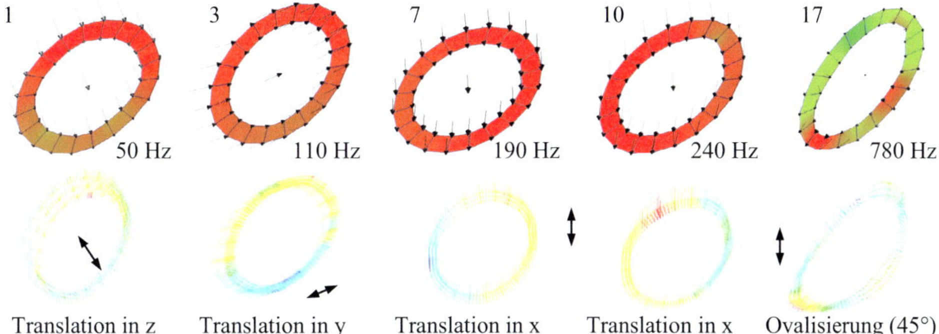

Abb. A.6:   Ausgewählte Modale Schwingformen des Prüfstandes (Basisstruktur),
                  Messung, Anregung: Modalshaker; darunter: FE-Simulation

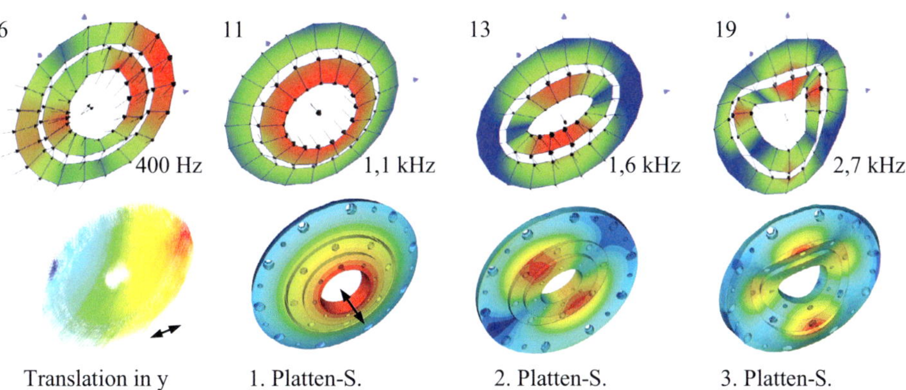

Abb. A.7:   Ausgewählte Modale Schwingformen des Prüfstandes mit
                  Befestigungsflanschen,
                  Messung, Anregung: Impulshammer; darunter: FE-Simulation

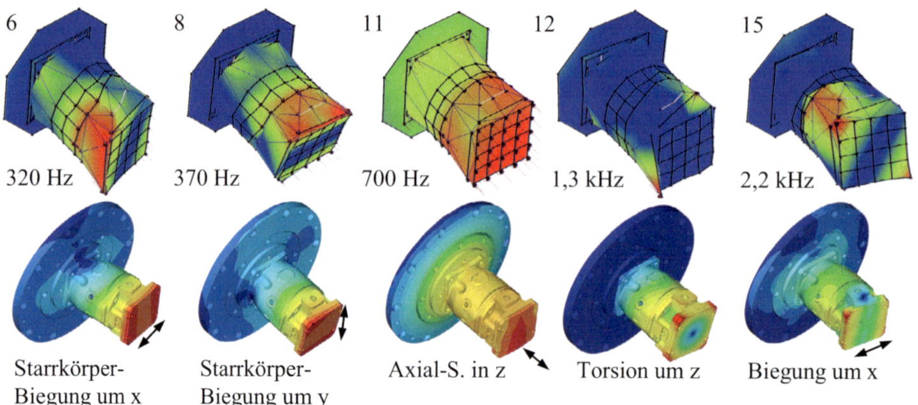

Abb. A.8:   Ausgewählte Modale Schwingformen des Prüfstandes mit
leerem Pumpengehäuse,
Messung, Anregung: Impulshammer; darunter: FE-Simulation

A.2 Betriebsschwingformen

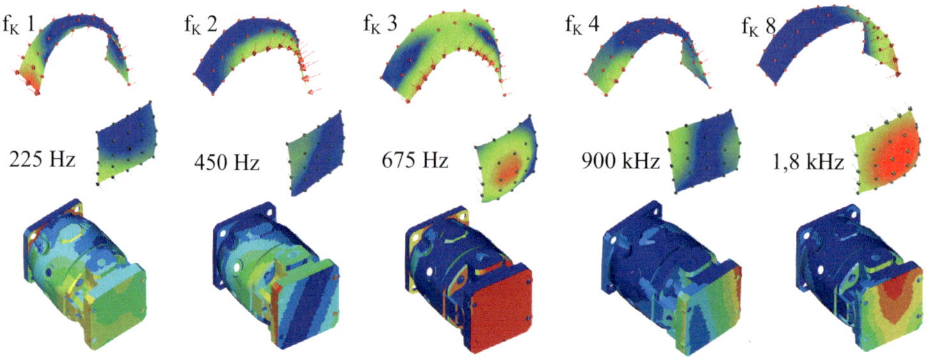

Abb. A.9:   Ausgewählte Betriebsschwingformen als Schnelleplot bei $n = 1500\,\mathrm{min}^{-1}$,
akust. Nahfeldholographie, Gehäuse- u. Deckelpanel (vgl. Abb. 4.4c);
darunter: FE-Simulation, Oberflächenschnelle in Normalenrichtung

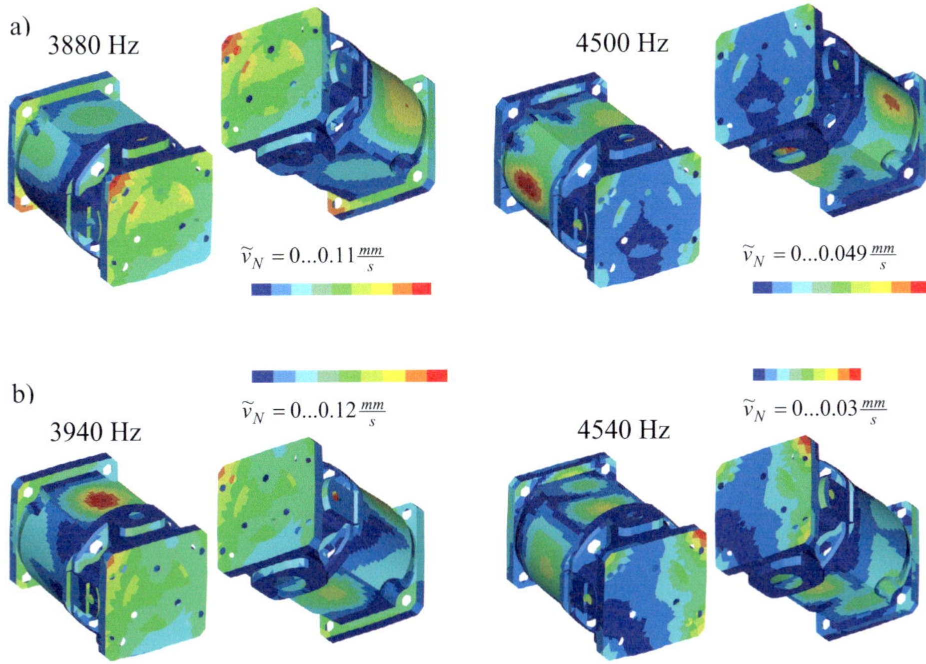

Abb. A.10: Plot der Oberflächenschnelle für ausgewählte Schwingformen zu Abb. 6.6.
a) Referenzgehäuse mit konstanter Wandstärke
b) Topologieoptimiertes Gehäuse

B Literaturverzeichnis

[1]   Akl W, El-Sabbagh A, Al-Mitani K, Baz A: *Topology optimization of a plate coupled with acoustic cavity.* In: International Journal of Solids and Structures, No. 46, p. 2060-2074 (2009)

[2]   Allaire G, Kohn RV: *Topology optimization and optimal shape design using homogenization.* In: Topology design of structures, Bendsøe MP, Mota Soares CA (Hrsg.), p. 207-218, Kluwer, Dordrecht (1993)

[3]   Allemang RJ: *Vibrations – Analytical and Experimental Modal Analysis.* UC-SDRL-CN-20-263-662, University of Cincinnati (1999)

[4]   Allemang RJ: *The Modal Assurance Criterion – Twenty Years of Use and Abuse.* Journal of Sound and Vibration, August 2003 (2003)

[5]   Ansys Inc: *Release 12.1 Documentation for Ansys*, Canonsburg, PA/USA (2009)

[6]   Avitable P: *Experimental Modal Analysis – A Simple Non-Mathematical Presentation.* Magazine for Sound & Vibration (2001)

[7]   Avitable P: *Modal Space – Back to Basics.* Society for Experimental Mechanics, Blackwell Publishing (1998-2008)

[8]   Backhaus SG, Söver A: *Vergleich zwischen der numerischen und experimentellen Modalanalyse einer Stahlplatte.* IMW-Institutsmitteilung Nr. 30, TU Clausthal (2005)

[9]   Bathe KJ: *Finite-Elemente-Methoden.* Springer Verlag, Berlin, 2. Auflage (2002)

[10]   Beck SC, Sisamon A, Langer S, Cisilino AP: *Ein iteratives Optimierungsverfahren für akustische Anwendungen basierend auf der Methode der Topologiederivate und der Randelemente.* Proceedings of DAGA 2011, Deutsche Gesellschaft für Akustik (2011)

[11]   Bendsøe MP, Díaz A, Kikuchi N: *Topology and generalized layout optimization of elastic structures.* In: Topology Design of Structures, p. 159-205, Kluwer Academic Publishers, Netherlands (1993)

[12]   Bendsøe MP, Sigmund O: *Topology Optimization – Theory, Methods and Applications.* Springer Verlag, Berlin, 2. Auflage (2004)

[13]   Beniwal R, Wu SF, Ries M: *Noise Diagnostics and Solution Development on an Engine using Acoustic Imaging.* VDI Seminar Maschinenakustik, Böblingen (2008)

[14] Bergemann M: *Systematische Untersuchung des Geräuschverhaltens von Kolbenpumpen mit ungerader und mit gerader Kolbenanzahl.* Dissertation, RWTH Aachen (1994)

[15] Berneke S: *Dynamisches Verhalten von spaltkompensierten Außenzahnradpumpen unter Berücksichtigung der Schwingungsübertragung über den Radialspalt.* Dissertation, Universität Stuttgart (2009)

[16] Berneke S: *Geräuschreduzierung hydrostatischer Pumpen durch akustische Strukturoptimierung.* In: Intelligent produzieren – Liber amicorum, Springer Verlag, Berlin (2010)

[17] Berta GL, Casoli P, Vacca A, Guidetti M: *Simulation Model of Axial Piston Pumps inclusive of Cavitation.* IMECE, New Orleans, USA (2002)

[18] Biondi B, Muscolino G: *Component-Mode Synthesis Method Variants in the Dynamics of Coupled Structures.* Meccanica 35: 17–38, Kluwer Academic Publishers, Niederlande (2000)

[19] Bittner U, Berneke S, Proppe C: *Reziproke Messung des Körperschallmaßes von Gehäusestrukturen.* VDI-Tagung Maschinenakustik, Böblingen (2008)

[20] Bittner U: *Successive Model-Updating of the dynamic behaviour of casing bodies on a practical example of an Axial Piston Pump.* NAFEMS Seminar Structural Dynamics, Wiesbaden (2008)

[21] Bittner U: *Anwendbarkeit von Topologieoptimierung in der Strukturakustik.* 27th CADFEM Users' Meeting, Leipzig (2009)

[22] Bletzinger KU, Daoud F, Firl M: *Filter techniques in shape optimization with cadfree parametrization.* III European Conference on Computational Mechanics, Lissabon, Portugal (2006)

[23] Borrvall T, Petersson J: *Topology optimization using regularized intermediate density control.* In: Computational Methods in Applied Mechanical Engineering, Vol. 190, p. 4911-4928 (2001)

[24] Bös J: *Numerical Shape Optimization in Structural Acoustics.* Dissertation, TU Darmstadt (2004)

[25] Bosch Rexroth (Hrsg.): *Training Mobilhydraulik – Axialkolbenmaschinen.* Schulungsbroschüre Bosch Rexroth, Elchingen (2004)

[26] Bräckelmann U: *Reibung, Steifigkeit und Dämpfung in SchrägscheibenAxialkolbenpumpen und –motoren.* Dissertation, Ruhr-Universität Bochum (2006)

[27]   Brechlin E: *Methoden und Grenzen der Strukturkoppelung auf der Basis experimenteller Daten*. Dissertation, Universität Stuttgart (2001)

[28]   Breuer-Stercken A: *Systematische Untersuchung von Strukturschwingungen im Hinblick auf die Entwicklung geräuscharmer Kolbenpumpen*. Dissertation, RWTH Aachen (1999)

[29]   Cermelj P: *UFF File Reading and Writing*. Matlab File Exchange, www.mathworks.com (03.08.2006)

[30]   Clausen PM, Pedersen CBW: *Non-parametric NVH optimization of industrial designs*. 8th World Congress on Structural and Multidisciplinary Optimization, Portugal (2009)

[31]   Craig Jr. RR, Bampton MCC: *Coupling of substructures for dynamic analysis*. In: AIAA Journal, Vol. 6, No. 7, p. 1313-1319 (1968)

[32]   Dai Y, Ramnath DM: *A Topographically Structural Optimization Methodology for Improving Noise Radiation in Transaxles*. SAE-Paper 2007-01-2287 (2007)

[33]   Daners D: *Integration rechnergestützter Gestaltung und Berechnung zur vibroakustischen Optimierung von Gehäusestrukturen*. Abschlussbericht DFG-Forschungsprojekt SPP 732, RWTH Aachen (2002)

[34]   Dascotte E, Guggenberger J: *In Search of Simulating Reality: Validation and Updating of FE Models for Structural Analysis*. 23rd CADFEM Users' Meeting, Bonn (2005)

[35]   Dascotte E: *Model Updating for Structural Dynamics – past, present and future outlook*. International Conference on Engineering Dynamics, Carvoeiro, Portugal (2007)

[36]   Dietz P, Gummersbach F: *Lärmarm konstruieren XVIII – Systematische Zusammenstellung maschinenakustischer Konstruktionsbeispiele*. Schriftenreihe der Bundesanstalt für Arbeitsschutz und Arbeitsmedizin, Fb 883, Dortmund (1999)

[37]   DIN EN ISO 3745: *Akustik – Bestimmung der Schallleistungspegel von Geräuschquellen aus Schalldruckmessungen – Verfahren der Genauigkeitsklasse 1 für reflektionsarme Räume und Halbräume*. Beuth Verlag, Berlin (2003)

[38]   Døssing O: *Structural Testing – Part 2 Modal Analysis and Simulation*. Brüel & Kjær, Nærum/Denmark (1988)

[39]   Du J, Olhoff N: *Topological design of vibrating structures with respect to optimum sound pressure characteristics in a surrounding acoustic medium*. Structural Multidisciplinary Optimization, vol. 42, p. 43-54, Springer Verlag (2010)

[40]   Dühring MB: *Topology Optimization for Acoustic Problems*. IUTAM Symposium on Topological Design Optimization, p. 375-385, Springer Verlag, Niederlande (2006)

[41]   Dühring MB, Jensen JS, Sigmund O: *Acoustic design by topology optimization*. In: Journal of Sound and Vibration 317, p. 557-575 (2008)

[42]   Dühring MB: *Optimization of acoustic, optical and optoelastic devices*. PhD Thesis, Technical University of Denmark (2009)

[43]   Dynardo (Hrsg.): *optiSLang – Documentation, Version 3.1.2*. Dynardo GmbH, Weimar (2010)

[44]   Ericson L, Palmberg JO, Ölvander J: *On Optimal Design of Hydrostatic Machines*. 6th International Fluid Power Conference, Dresden (2008)

[45]   Ewins DJ: *Modal Testing – Theory, Practice and Application*. John Wiley & Sons, 2nd Edition (2000)

[46]   Ewins DJ: *On the Need for and Benefits of the Effective Integration of Analysis and Test in Structural Dynamics*. NAFEMS Seminar Structural Dynamics, Wiesbaden (2008)

[47]   Fiebig W: *Schwingungs- und Geräuschverhalten der Verdrängerpumpen und hydraulischen Systeme*. Habilitation, Universität Stuttgart (2000)

[48]   Findeisen D: *Hydrogeräte zur Energieumformung. Verdrängermaschinen*. In: Ölhydraulik. VDI-Buch, S. 241-556, Springer Verlag (2006)

[49]   Fischer P, Holzer S, Tapp C: *Akustiksimulation von Motorhochläufen - Berechnung des neuen Audi V8 4,2 Liter Ottomotors*. 12. Aachener Kolloquium Fahrzeug- und Motorentechnik (2003)

[50]   Fleury C: *First and second order convex approximation strategies in structural optimization*. Structural Optimization Vol. 1, p. 3-10 (1989)

[51]   Friswell MI, Mottershead JE: *Finite element model updating in structural dynamics*. Kluwer Academic Publishers, Dordrecht (1995)

[52]   Fritz F, Seemann W, Hinterkausen M: *Modellierung von Rollenlagern als Element einer Mehrkörperdynamiksimulation*. 8th International Conference on Vibrations in Rotating Machines, Paper ID-7, Wien, Österreich (2009)

[53]   Gasch R, Knothe K: *Strukturdynamik: Band 2 – Kontinua und ihre Diskretisierung*. Springer Verlag, Berlin (1989)

[54]   Gebhardt C: *Praxisbuch FEM mit ANSYS Workbench*. Hanser Verlag, München (2011)

[55]   Geisler J: *Numerische und experimentelle Untersuchungen zum dynamischen Verhalten von Strukturen mit Fügestellen.* Dissertation, Universität Erlangen-Nürnberg (2010)

[56]   Gels S: *Lärmbekämpfung in der Hydraulik – Geeignete Maßnahmen, um die Schallpegelwerte zu senken.* In: O+P Konstruktions-Jahrbuch, Mainz, S. 26-35 2010/2011 (2010)

[57]   Gels S, Murrenhoff H: *Simulation des Kolben-Buchse-Kontakts.* In: O+P, Mainz, Nr. 4/2011, S. 108-119 (2011)

[58]   Goodman RE, Klumpp JH: *Analysis of Slip Damping with Reference to Turbin-Blade Vibration.* In: Journal of Applied Mechanics 23(3) p. 421-429 (1956)

[59]   Görke D: *Experimentelle und numerische Untersuchung des Normal- und Tangentialkontaktverhaltens rauer metallischer Oberflächen.* Dissertation, Universität Erlangen-Nürnberg (2010)

[60]   Gösele R: *Zur Entstehung und Berechnung des Geräusches von hydrostatischen Pumpen.* Dissertation, Universität Stuttgart (1979)

[61]   Graf B: *Validierung von Methoden zur Berechnung und Reduzierung der Schallabstrahlung von Getriebegehäusen.* Dissertation, TU Ilmenau (2007)

[62]   Groß V, Kaindl S: *Berücksichtigung lokaler Dämpfungseffekte bei der Berechnung der Getriebe-Akustik.* VDI-Berichte Nr. 1943, S. 669-684 (2006)

[63]   Haarhaus M: *Geräuschentstehung und Geräuschminderung bei Axialkolbenpumpen in Schrägscheibenbauweise.* Dissertation, RWTH Aachen (1984)

[64]   Halkjær S, Sigmund O, Jensen JS: *Maximizing band gaps in plate structures.* In: Structural Multidisciplinary Optimization, Vol. 32, p. 263-275 (2006)

[65]   Harzheim L: *Strukturoptimierung – Grundlagen und Anwendungen.* Wissenschaftlicher Verlag Harri Deutsch, Frankfurt (2007)

[66]   Helfrich R, Pflieger I: *Simulation und Optimierung von Bauteilverbindungen.* In: NAFEMS Magazin 3/2010, Ausgabe 17 (2010)

[67]   Henn H, Sinambari GR, Fallen M: *Ingenieurakustik.* Vieweg + Teubner, Wiesbaden, 4. Auflage (2008)

[68]   Hibinger F: *Numerische Strukturoptimierung in der Maschinenakustik.* Dissertation, TU Darmstadt (1998)

[69]   Imaoka S: *CSI Tip of the Week: QR Damped Eigenvalue Extraction Method.* ansys.net, Memo STI68:001014 (2000)

[70] Imaoka S: *Sheldon's ANSYS Tips and Tricks: QR Damped Method and Unsymmetric [K]*. ansys.net, Memo STI:05/02 (2005)

[71] Ivantysyn J, Ivantysynova M: *Hydrostatische Pumpen und Motoren – Konstruktion und Berechnung*. Vogel Fachbuch, Würzburg (1993)

[72] Jog CS: *Topology design of structures subjected to periodic loading*. In: Journal of sound and vibration, No. 253(3), p. 687-709 (2002)

[73] Johnson KL: *Contact Mechanics*. Cambridge University Press (1985)

[74] Katzenschwanz C: *Strukturoptimierung in der industriellen Praxis*. In: NAFEMS Magazin, Nr. 2 / 2005, S. 22-26 (2005)

[75] Kim NH, Dong J, Choi KK, Vlahopoulo V, Ma ZD, Castanier MP, Pierre C: *Design sensitivity analysis for sequential structural–acoustic problems*. In: Journal of Sound and Vibration, No. 263, p. 569-591 (2003)

[76] Kleist A: *Berechnung von Dicht- und Lagerfugen in hydrostatischen Maschinen*. Dissertation, RWTH Aachen (2002)

[77] Kollmann FG: *Maschinenakustik – Grundlagen, Messtechnik, Berechnung, Beeinflussung*. Springer Verlag, Berlin, 2. Auflage (2000)

[78] Kollmann FG, Schösser TF, Angert R: *Praktische Maschinenakustik*. Springer Verlag, Berlin (2006)

[79] Koutsovasilis P, Beitelschmidt M: *Comparison of model reduction techniques for large mechanical systems*. Multibody System Dynamics, Vol. 20, No. 2, p. 111-128, Springer Verlag, Berlin (2008)

[80] Kragelski IV, Dobychin MN, Kombalov VS: *Friction and Wear - Calculation Methods*. (Translated from the Russian by N Standen), Pergamon Press (1982)

[81] Kruk R, Thoden D: *Modellierung und Messung des Übertragungsverhaltens von Wälzlagern*. IMW-Institutsmitteilung Nr. 32, TU Clausthal (2007)

[82] Krull FD: *Steifigkeit, Dämpfung und Reibung an Kontaktstellen der Kolben von hydrostatischen Axialkolbenmaschinen*. Dissertation, Ruhr-Universität Bochum (2001)

[83] Lamancusa JS: *Numerical Optimization Techniques for structural-acoustic Design of rectangular Panels*. In: Computers & Structures, Vol. 48, No. 4, p. 661-675 (1993)

[84] Lauwagie T, Dascotte E: *Layered Material Identification using Multi-Model Updating*. 3rd International Conference on Structural Dynamics, Madeira, Portugal (2002)

[85]   LMS (Hrsg.): *Hybrid Modelling in Action at Atlas Copco*. Application Case, LMS International, Leuven, Belgien (2007)

[86]   Ma ZD, Kikuchi N, Cheng HC: *Topological Design of vibrating Structures*. Computational methods in applied mechanics and engineering, No. 121, p. 259-280 (1995)

[87]   Mahfoudh S, Schirrmacher R: *Durchgängige Parameteroptimierung mit Hilfe der CATIA/Abaqus-Schnittstellen „CATIA Associative Interface" und „OptiqusCatia"*. Weimarer Optimierungs- und Stochastiktage 7.0 (2010)

[88]   Marburg S: *Developments in structural-acoustic optimization for passive noise control*. Archives of Computational Methods in Engineering. State of the art reviews, No. 9(4), p. 291-370 (2002)

[89]   Marburg S: *Efficient optimization of a noise transfer function by modification of a shell structure geometry, Part i: Theory*. Structural and Multidisciplinary Optimization, No. 24(1), p. 51-59 (2002)

[90]   Marburg S, Beer HJ, Gier J, Hardtke HJ, Rennert R, Perret F: *Experimental Verification of Structural-Acoustic Modelling and Design Optimization*. Journal of Sound and Vibration 252(4), p. 591-615 (2002)

[91]   Marburg S, Dienerowitz F, Fritze D, Hardtke HJ: *Case Studies on Structural-Acoustic Optimization of a Finite Beam*. Acta Acustica united with Acustica, No. 92, p. 427-439 (2006)

[92]   Marburg S: *Efficient Techniques for structural-acoustic Optimization*. In: F. Maghoules (Hrsg.): Computational Methods for Acoustic Problems II. Saxe-Coburg Publications, Stirlingshire (2011)

[93]   Marwala T: *Finite Element Model Updating using Computational Intelligence Techniques – Applications to Structural Dynamics*. Springer Verlag, London (2010)

[94]   Mathworks Inc: *Matlab Release 2007b*. Natick, MA/USA (2007)

[95]   Mattheck C: *Warum alles kaputt geht – Form und Versagen in Natur und Technik*. Forschungszentrum Karlsruhe (2003)

[96]   Mattheck C: *Design in der Natur - der Baum als Lehrmeister*. Rombach Verlag, 4. Auflage (2006)

[97]   Mlejnek HP: *Some aspects of the genesis of structures*. Structural Optimization, 5:64-69 (1992)

[98]   Mayer M: *Zum Einfluss von Fügestellen auf das dynamische Verhalten zusammengesetzter Strukturen*. Dissertation, Universität Stuttgart (2007)

[99]   Meyer L: *Formoptimierung in der Strukturdynamik.* Dissertation, Universität Hannover (1998)

[100] Moll W: *Strukturkopplung mit Modalmodellen aus Messungen.* Dissertation, Universität Stuttgart (2002)

[101] Moosrainer M: *Körperschallbewertung mit SBSound 2.1 – CAD-FEM Software zur Verwendung in Ansys 11.0.* CADFEM GmbH, Grafing (2007)

[102] Müller B: *Einsatz der Simulation zur Pulsations- und Geräuschminderung hydraulischer Anlagen.* Dissertation, RWTH Aachen (2002)

[103] Müller G, Groth C: *FEM für Praktiker – Band 1: Grundlagen.* Expert Verlag, Renningen, 7. Auflage (2002)

[104] Müller HW: *Geräusche an Verdrängermaschinen – Entstehung, Bewertung, Fortleitung, Minderung.* VDI-Berichte Nr. 228, S. 145-155 (1975)

[105] Müller HW, Langer W, Richter P, Storm R: *Praxisreport Maschinenakustik - Berechnungs- und Abschätzverfahren für Maschinengeräusche.* Forschungsberichte FKM, Heft 102 (1983)

[106] Nafz T, Murrenhoff H, Rudik R: *Active Systems for Noise Reduction and Efficiency Improvement of Axial Piston Pumps.* Fluid Power and Motion Control, Bath, GB (2008)

[107] Nafz T: *Aktive Ventilumsteuerung von Axialkolbenpumpen zur Geräuschreduktion hydraulischer Anlagen.* Dissertation, RWTH Aachen (2011)

[108] Nasdala L: *FEM-Formelsammlung Statik und Dynamik – Hintergrundinformationen, Tipps und Tricks.* Vieweg + Teubner Verlag, Wiesbaden (2010)

[109] Natke HG: *Einführung in Theorie und Praxis der Zeitreihen- und Modalanalyse.* Vieweg, Braunschweig/Wiesbaden, 2. Auflage (1988)

[110] Olhoff N, Du J: *Topological design of continuum structures subjected to forced vibration.* 6th World Congresses of Structural and Multidisciplinary Optimization, Brazil (2005)

[111] Olhoff N, Du J: *Topology optimization of vibrating bi-material structures with respect to sound radiation.* IUTAM Symposium on Topological Design Optimization, p. 43-52, Springer Verlag (2006)

[112] Olhoff N, Du J: *On Topological Design Optimization of Structures against Vibration and Noise Emission.* In: Computational aspects of structural acoustics and vibration, Vol. 505, p. 217-276 (2009)

[113]   Ottl D: *Schwingungen mechanischer Systeme mit Strukturdämpfung*. VDI Forschung-
sheft Nr. 603 (1981)

[114]   Pang M, Lou TJ, Zhao M: *On modal energy in civil structural control*. In: Journal of
Zhejiang University Science A, Vol. 9 No. 7, p. 878-887 (2008)

[115]   Pedersen NL: *Maximization of eigenvalues using topology optimization*. In: Structural
and Multidisciplinary Optimization, Vol. 20, p. 2-11 (2000)

[116]   Petuelli G: *Theoretische und experimentelle Bestimmung der Steifigkeits- und Dämpfungseigenschaften normalbelasteter Fügestellen*. Dissertation, RWTH Aachen
(1983)

[117]   Ranjbar M: *Eine vergleichende Studie zur Optimierung in der Strukturakustik*. Dissertation, TU Dresden (2011)

[118]   Reimers E: *Möglichkeiten zur Lärmminderung an Axialkolbenpumpen mit wasserhal-
tigen Druckflüssigkeiten*. In: Fortschritt-Berichte Reihe 11 Schwingungstechnik,
Lärmbekämpfung, Nr. 60, VDI Verlag, Düsseldorf (1984)

[119]   Richter HP: *Theoretische und experimentelle Untersuchungen zur Körperschalllei-
tung von Wälzlagern in Maschinen*. Dissertation, TU Darmstadt (1989)

[120]   Muhs D, Wittel H, Jannasch D , Voßiek J: *Roloff/Matek Maschinenelemente*. Vieweg
Verlag, Wiesbaden, 18. Auflage (2007)

[121]   Sarfert J: *Berechnung und Simulation in der Wälzlagertechnik*. INA-Sonderdruck aus
„Konstruktion" Special Antriebstechnik 04/2002, Springer VDI Verlag, Düsseldorf
(2002)

[122]   Schaible B: *Ermittlung des statischen und dynamischen Verhaltens insbesondere der
Dämpfung von verschraubten Fugenverbindungen für Werkzeugmaschinen*. Dissertation, TU München (1976)

[123]   Schlecht B: *Maschinenelemente 2*. Pearson Studium, München (2010)

[124]   Schober U: *Gehäusedämpfung – Untersuchung der Körperschalldämpfung durch
Fügestellen im Motor*. Abschlussbericht FVV-Vorhaben 391, Forschungsvereinigung
Verbrennungskraftmaschinen, Frankfurt (1989)

[125]   Schuhmacher A: *Optimierung mechanischer Strukturen – Grundlagen und industriel-
le Anwendungen*. Springer Verlag, Berlin (2005)

[126]   Sinambari GR, Felk G, Thorn U: *Konstruktionsakustische Schwachstellenanalyse an
einer Verpackungsmaschine*. VDI-Seminar Maschinenakustik, Böblingen (2008)

[127] SDRC, MTS (Hrsg.): *Universal File Formats for Modal Analysis Testing.* University of Cincinnati, USA, http://www.sdrl.uc.edu/universal-file-formats-for-modal-analysis-testing-1 (26.01.2011)

[128] Sentpali S: *Körperschallübertragung gerader und gebogener biegeschlaffer Schlauchleitungen im Fahrzeugbau.* Dissertation, TU Kaiserslautern (2008)

[129] Stelzmann U, Groth C, Müller G: *FEM für Praktiker – Band 2: Strukturdynamik.* Expert Verlag, Renningen, 4. Auflage (2006)

[130] Stolpe M, Svanberg K: *An alternative interpolation scheme for minimum compliance optimization.* Structural and Multidisciplinary Optimization, 22:116-124 (2001)

[131] Storm R: *Untersuchung der Einflussgrößen auf das akustische Übertragungsverhalten von Maschinenstrukturen.* Dissertation, TH Darmstadt (1980)

[132] Storm R: *Zur Bewertung akustischer Angaben in Pflichtenheften.* VDI-Seminar Maschinenakustik, Böblingen (2008)

[133] Svanberg K: *The Method of Moving Asymptotes – A New Method for Structural Optimization.* International Journal for Numerical Methods in Engineering, 24:359-373 (1987)

[134] Tinnsten M, Esping B, Jonsson M: *Optimization of acoustic response.* In: Structural Optimization, Vol. 18, p. 36-47, Springer Verlag (1999)

[135] Tinnsten M: *Optimization of acoustic response – a numerical and experimental comparison.* In: Structural and Multidisciplinary Optimization, No. 19(2), p. 122-129 (2000)

[136] *TOSCA Structure 7.0 – General Documentation.* FE-Design, Karlsruhe (2009)

[137] VDI 2230: *Systematische Berechnung hochbeanspruchter Schraubenverbindungen.* VDI-Richtlinie, Düsseldorf (2003)

[138] Vibrant Technology (Hrsg.): *ME'scopeVES Application Notes*, Vibrant Technology, Scotts Valley, CA/USA (2004-2005)

[139] Vibrant Technology: *ME'scopeVES Release 5.1.* Scotts Valley, CA/USA (2010)

[140] Vingsbo O: *On Fretting Maps.* In: Wear, Vol. 126, p. 131-147, Elsevier Verlag, Niederlande (1988)

[141] Weiss J: *Strukturoptimierung auf Basis von bionischen Prinzipien – Topologieoptimierung zur Verbesserung des Schwingungsverhaltens von Bauteilen.* Dissertation, TU Kaiserslautern (2005)

[142] Wiedemann B: *Optimierung von Strukturen hinsichtlich NVH und Akustik*. Altair Optimierungstag (23.06.2009)

[143] Wijker JJ: *Dynamic Substructuring, Component Mode Synthesis*. In: *Spacecraft Structures*. Springer Verlag, Berlin (2008)

[144] Woodward J: *Mid-side nodes – Do they really help?* In: The Focus, Padt Inc., Tempe AZ/USA (09.02.2011)

[145] Wriggers P: *Computational Contact Mechanics*. John Wiley & Sons Ltd, Chichester (2002)

[146] Yoon GH: *Structural topology optimization for frequency response problem using model reduction schemes*. Computer Methods in Applied Mechanics and Engineering Vol. 199, p. 1744-1763, Elsevier Verlag, Niederlande (2010)